NEURONALE HEILUNG

Mit einfachen Übungen den Vagusnerv aktivieren -
gegen Stress, Depressionen, Ängste, Schmerzen
und Verdauungsprobleme
by
Lars Lienhard and Ulla Schmid-Fetzer
with Eric Cobb

拉斯・林哈德
鄔拉・史密特—費策
艾瑞・柯布博士 —— 著　　呂以榮、游絨絨 —— 譯

神經元修復保健全書

用簡單動作活化迷走神經，
緩解負面情緒、疼痛、消化不良、
行動困難、壓力症候群，促進細胞更新。

掌握後疫情時代健康的一把鑰匙

台灣增生療法醫學會理事長暨超全能診所院長

王偉全醫師

認識迷走神經

第一次注意到迷走神經的問題，是 2017 年我剛從西雅圖參加完美國骨內科學會（AAOM）再生注射療法的國際研討會，便一個人風塵僕僕地坐公車到波特蘭上期待已久的定頻微電流治療（Frequency Specific Microcurrent, FSM）課程。當晚吃完漢堡和草莓優格，隔天不斷打嗝，非常難受，我把這情形告訴老師 Dr. Carolyn McMakin，她發現我有一條很緊的筋膜張力從胃臟穿過橫隔膜，一直到咽喉和腦部。老師根據症狀和走向，便試了迷走神經的頻率，加上黴菌的頻率幫我治療，我的緊繃感和打嗝立馬停歇！於是老師告訴我，其實我是**迷走神經**的問題，它被**生物駭入**（biohacking）了！

原來迷走神經是人體分布最長、最廣的自律神經，從心肺、腸胃道到處都是，如同迷失漫走的旅人，足跡遍布。如果說交感神經是「戰鬥或逃跑或凍結」（fight, flight, freeze）的**陽狀態**，那以迷走神經為代表的副交感神經則是「休養生息」（rest and digest）放鬆修復的**陰狀態**（ying state）。所謂的**自律神經失調**，就是太極的陰陽兩極不平衡所致。

迷走神經也是腸腦之間溝通的管道。從前有本書叫《為什麼斑馬不會得胃潰瘍？》說一般動物在壓力事件過了之後，就會重啟迷走神經，讓身體機能恢復正常運作。但人類很特別，我們的迷走神經會運載創傷（damage-associated molecular patterns, DAMPs）或感染（pathogen-associated molecular patterns, PAMPs）的發炎細胞分

子，透過**腸腦連結**告訴大腦「有威脅了」，並傳導到本書所提到的島葉（這個連接大腦各地的樞紐）跟過去的經驗、情緒做存取連結，然後再把訊息傳到腹腔神經叢（太陽神經叢）、脾臟、腎上腺等處，影響我們的免疫系統。如果大腦覺得壓力一直存在，會持續關掉迷走神經，讓身體高度警覺，一刻都無法喘息。此時沒有特別的介入，很難跳脫這個惡性循環。

迷走神經更是功能醫學、自然醫學的熱門話題。自從 1994 年史蒂芬・波格斯（Stephen Porges）提出**多重迷走神經理論**，便提到：假設我們活在遠古時代，被一隻老虎追，你的身體會做什麼讓你活下來？

身體會降低腸胃道的血流，增加肌肉力量，增加心跳和血壓，並增加可體松（腎上腺皮質醇）來對抗發炎以暫時忘掉疼痛，關掉你的性荷爾蒙（在這時候你存活比生孩子重要），竭盡所能讓你逃過這道難關。而迷走神經來攪局：它讓心跳變慢，促進消化，讓身體放鬆，因此身體必須暫時關閉迷走神經功能。

迷走神經異常會有什麼症狀？

假使你有**慢性疼痛或發炎**，怎麼樣都好不了，很可能是你的迷走神經被劫持，身體一直以為尚處於高壓狀態，無法重啟迷走神經所致。它被交感神經壓制，壓制的成因如慢性壓力、憂鬱焦慮、失眠、重金屬、細菌、黴菌毒素、病毒、慢性食物過敏、電磁波等地場壓力、大腦膠體細胞神經發炎、肥大細胞活化症候群等。

此外相關病症尚有心率過快、腸胃道問題、腸漏症、失智症、胃食道逆流、自體免疫疾病、憂鬱症、創傷後壓力症候群、各種手術後沾黏、容易暈或昏倒、頸椎創傷後、吞咽困難或發音異常。

如何治療？

臨床上會根據**心律變異**等檢測來看自律神經反應，而深慢呼吸（deep slow breathing, DSB）便是介入自律神經最好的方式：當我們延長吐氣的時間，迷走神經等副交感神經機能就會被活化，身體終於得以修復及休養。我自己臨床上則是會檢查懸雍垂是否偏移，配合注射肌動學的泄殖腔檢測來確認迷走神經功能，並使用神經療法、定頻微電流做急性治療，再交由物理治療師做後續相關訓練。

我非常喜歡這本書提供了多元化的治療方式來活化迷走神經，包括各種呼吸、運動、正念冥想、哼唱、漱口、動眼、耳朵、視覺、嗅覺等刺激，在家可以實行，也是絕佳的養生之道，令人耳目一新。

迷走神經與 COVID-19

2019 年底起改變世界的新冠病毒，也有研究發現它會引發**細胞分子風暴**（cytokine storm）造成過度發炎。迷走神經可望透過**膽鹼消炎路徑**調節免疫，緩和各種神經精神症狀。

照顧好你的迷走神經吧！或許它是掌握後疫情時代健康的一把鑰匙。

利用功能神經學，拿回健康的主導權

功能神經學專家李政家

功能神經學在歐美大約有二十年的歷史，主要是由美國的脊骨神經科醫師（Doctor of Chiropractic）發展形成的一門臨床實用醫學。筆者在美國執業期間，功能神經學也是臨床治療的主要方式。與傳統醫學不同之處有下列幾點：

1. 著重於亞急性期功能正常化。
2. 強調整體性神經迴路功能運作正常與否，而非當一局部的病理問題。
3. 針對病因而非症狀的處理。
4. 強調個體差異性，沒有病人的狀態是完全相同的。
5. 利用神經系統的可塑性的特質，活化已弱化的神經環結。
6. 利用徒手療法或運動等等非藥物非侵入性的治療方式。

大腦神經系統的運作架構與電腦極為相似，電腦透過滑鼠、鍵盤輸入訊號，經由中央處理器整合後，再透過螢幕或喇叭輸出訊號。人腦則是透過視覺、聽覺、觸覺、嗅覺、前庭覺等等各種感官來將外界的訊息經由腦幹輸入到大腦，由大腦進行各種的分析、判斷、整合後，將訊號輸出到全身做出適當的反應。例如，日常的人際互動、身體自律神經的調控、身體的姿勢體態、全身肌肉張力與大小關節的活動控制等等。

當電腦運作出現異常時，我們都能理解，可能是輸入、中央處理器或是輸出，某個或是多個環節出現問題，再針對問題做正確的處理。同樣的，當身體神經系統出現異常時，也是因為訊號輸入、大腦整合或是訊號輸出出現問題所產生的各種症狀。

因此，要改善身體長期的一些不適感，必須先釐清問題所在，再針對弱化的環節給予強化。

　　而神經系統的另一特點就是可塑化性（neuroplasticity），代表神經迴路具有一定的可塑性。例如，重複學習某技能或知識就能熟能生巧，也代表此時執行特定工作的神經迴路連結特別強壯而且有效率。又例如中風的病人，透過重複不斷的練習，就可以繞過原有受損的腦神經元，重新建立連結。由於神經系統具有用進廢退的特性，要強化神經系統就必須針對弱化的環節加強訓練，如果置之不理的話，弱化的神經元會因為缺乏訊號輸入而加速退化。

　　因此，有效預防失智症、巴金森氏症並非空談。如果可以在神經迴路退化的初期介入，就能有效延緩大腦神經系統的退化。關鍵在於如何有效的鑑別出大腦退化的一些早期徵兆。

　　《神經元修復保健全書》是根據上述的理論與三位德國作者的臨床經驗，先將神經系統由下而上輸入訊號進行縱向拆解，針對特定環節執行功能的特性，有效釐清功能弱化的神經部位（Longitudinal Level Of Lesion）。書內提供了多種簡易執行的自我居家檢測方式與訓練方法，例如：現代人常見的自律神經功能失調判定，與利用強化副交感神經中迷走神經的一些方法；針對失智症或其他大腦弱化造成認知功能下降的判別，可以透過眼球運動來驅動活化主掌認知功能的前額葉；針對前庭系統失衡造成的姿態與肌肉張力異常，導致慢性肩頸腰背疼痛，則可透過整合內耳前庭與眼球肌肉的活化運動，有效改善症狀；針對現代人運動頻率下降導致小腦弱化，提供了強化小腦協調性的整合運動等等，確實是目前市面上較為系統完整且為數不多的一本工具書。如果想利用功能神經學，不吃藥不開刀擺脫身體長久的病痛，拿回健康的主導權，《神經元修復保健全書》確實是一本值得推薦的健康工具書。

這是一本「調節身體感官的魔法書」！

物理治療師洪岳裕

在我欣喜地閱讀完這本書稿時，我心中默默的下了這個結論。這本書，教大家如何與自己的身體「相處」，透過對各類感官的「刺激」，系統性的紮實練習，幫助你變健康。

我是一名慢性疼痛治療治療專長的物理治療師，擅長使用「手法治療」與「動作訓練」來改變患者的疼痛，我的手法輕柔，患者在過程中只會覺得微痠，不會有痛感，這跟很多患者的治療體驗有很大不同，所以患者在第一時間常會摸不著頭緒，但幾十分鐘過後的疼痛大改變，常會讓患者覺得，這難道是「妖術」嗎？

其實一切都是科學（笑）！我只是掌握肌肉、肌膜、神經、關節囊等組織與疼痛的特性，知道怎麼跟這些組織「相處」，進行相對應的治療與對話而已。本書給我的感覺，就是如此！

這本書非常全面的點出如何透過感官的訓練，影響「島葉」與「迷走神經」，改善情緒、壓力、疼痛、沮喪、消化等問題，進而強化身體。乍看之下會覺不可思議，但仔細閱讀就能瞭解這是對透過對各種感覺器官的瞭解，知道怎麼鍛鍊與刺激它們，配合系統性的持續練習，一定能看到成效！而訓練的目的在於建立「內在體感」，全面性的提供感官的靈敏度與正確性，放在古代的話，我想或許這會是一部訓練「忍者」的祕笈吧（笑）！

這本書令我超級驚豔的收穫有三：

對於「呼吸」練習的細節描述

呼吸對疼痛的影響在物理治療界已經是共識，而我自己本身在指導患者練呼吸幾乎都有固定的套路，然而這本書對於呼吸練習的篇幅非常多，許多方法在我自己試作過後都覺得非常好用有效。

例如伸展橫膈膜，過往我一直認為這個地方是很難自己放鬆的，臨床上我會透過手法治療來協助患者更有效率使用橫膈膜，而作者提出的方法作為呼吸訓練前置準備，我覺得非常適合自我想鍛鍊呼吸的人。呼吸對於肩頸痠痛、腰痠背痛的影響非常大，光是好好改善呼吸，很多疼痛就能大幅減除。

對於「骨盆」練習的方法

屁股「很無力」或「抓著不放」都是現代人很常見的身體使用模式，同時也是許多腰痛或膝痛的導火線。而在本書討論的在不同姿勢下分別鍛鍊骨盆內層與外層肌群的訓練，如果訓練得宜，真的是會大幅改善許多疼痛問題。

此外，本書也提到骨盆是「內在體感的重要幫手」。在人體骨骼結構上，骨盆確實也就是承上啟下的角色，往下銜接雙腿，往上讓脊椎穩定。而骨盆整體的調控是需要雙邊協調的，如果能在步伐式（骨盆腔訓練的變化式）當中完美控制骨盆，以疼痛治療的觀點來看，這真是很完美的基礎建立！

「內在體感」的系統化訓練

身為手法治療的治療者，「內在體感」的鍛鍊對我們而言是重要的！訓練有素的治療師能在雙手搭在患者身上時，就感覺到各種組織不同異常的變化，這也是患者常常覺得我們很神奇的地方。

然而怎麼去訓練「內在體感」呢？在過去學習裡好像沒有什麼太特定的方法，頂多就是多摸摸不同質感的東西，增加自己觸診時的靈敏度，又或透過自我

身體動作提升對自己動作控制的覺察。而這本書提供非常系統性的方法來提升身體自覺。從我的觀點來看，這是每個人都很需要的，越有能力提升內在體感，我們越能不傷害自己！

　　情緒、身體、疼痛、內臟消化、壓力，這些在臨床上看似不同的主題，在實務經驗上去很常共伴出現，這是一本很推薦給臨床疼痛專家的參考用書，也很推薦給自己有困擾的人，相信按部就班依照本書的練習方法，每個人的身體一定會有很大的改變！

　　讓我們將書中的魔法，使用在我們自己的身上吧！

劃時代神經科學技術

台南維新脊骨神經復健診所副院長／亞太脊骨健康暨運動醫學發展協會理事長

林威廷

在臨床上我自己的專長領域融合了脊骨神經醫學與許多的復健物理治療技術來處理患者症狀，腦與神經系統控制了我們身體的一切，脊椎錯位干擾大腦和身體的溝通，我們糾正脊椎錯位，恢復大腦和身體間的正常溝通。

本書主題的神經運動訓練（Neuro Athletic Training）就是一門從神經系統下手的復健技術，作者的獨到見解用各種練習動作來訓練迷走神經與活化島葉，提升神經的傳導，讓全身的神經循環順暢，才能讓身體各部位的器官組織生理功能完全正常的發揮，強化身體的自癒能力，才會擁有真正的健康。

介紹給讀者並邀請讀者一起來做簡單的運動訓練，利用複雜的神經通路，從不同的層面來達到神奇的效果。

目錄 ————

3　前置準備

準備做活化迷走神經與內在體感訓練

活化額葉
　　〉掃視訓練：水平跳視
　　〉搭配字卡的掃視訓練
　　〉反向掃視
　　■記憶力訓練
　　〉倒數計算
　　〉朗讀月分

平衡系統訓練
　　■平衡訓練的七大基礎練習
　　〉搖頭運動
　　〉變化式 1：閉眼搖頭運動

4　呼吸與骨盆

目錄

5　舌頭與咽喉

舌頭如何影響迷走神經與內在體感

前言

親愛的讀者！

你之所以翻開這本書，是希望改善自己的健康狀況以及生活型態嗎？或許你已經感覺到自己目前的身體狀況大不如前，或體力已有一陣子不如預期，或隱隱察覺到自己某些健康情況已顯得大事不妙。又或者，開始閱讀本書只是單純地想長期投資自己的身體健康。不論你的閱讀動機是什麼，這本書都將分享一些新的方法，協助你透過自己的力量來紓緩壓力症候群，改變生活型態，並且達成強健體魄的目標。

現代社會中的刺激與要求越來越多。忙碌奔波、無法應付環境要求的人們，可能會出現呼吸問題、消化障礙、慢性疼痛、高血壓、循環方面的問題，或是憂鬱、恐慌等心理疾病。身心健康以及情緒健康乃由整個人體與中樞神經系統一起掌管；它們必須一直應付及處理來自於環境的刺激與要求。在現代社會裡，人類的神經系統被要求時時刻刻皆處於備戰狀態，幾乎無法得到妥善的休息與更新。一旦自律神經出現失調，每個人都可透過神經元訓練加以改善！

一段時間以來，醫界對於「迷走神經」（Vagus nerv）的功能、任務與治療效果感興趣。恰當活化迷走神經竟然具有協助紓壓、放鬆以及促進細胞更新的驚人效果。醫療實務目前已運用迷走神經來調節整個神經系統，成為重要的治療方式之一。不過，迷走神經並非孤軍奮戰，而是仰賴包括迷走神經在內的整個神經網絡來完成重要的任務。本書將介紹與迷走神經一起運作的神經網絡系統及成員，並描述它們如何調節人體進入備戰狀態，或放鬆下來調養生息。這些神經系統的狀況若能得到改善，即可避免出現過多的生理、情緒及精神壓力，並消除這些壓力帶來的負面影響。迷走神經系統如果無法好好發揮功能，勢必對健康及舒適感造成不好的影響，並讓工作能力大打折扣。

位於大腦深層的「島葉」（Insular cortex）扮演著特別重要的意義。本書將

一再提到這個屬於大腦皮質的腦部區域；它不僅負責分析感官感覺訊息，更負責下達指令讓我們懂得緊張與放鬆。最新的神經科學研究顯示，人體的復原力（Resilience）及抗壓能力基本上都奠基於所謂的「內在體感」（Interoception）。唯有好好處理從身體內部以及外在環境裡所接收到的訊息，方可維持神經系統健康，甩開壓力症候群帶來大大小小的病痛且獲得痊癒。

我們很高興能陪伴讀者踏上這一段追尋健康與舒適感的旅程。本書第 1 章將提及腦部及神經系統的運作方式與功能；特別聚焦於副交感神經系統，因它有助於改善壓力症狀，讓身體得到休息，且恢復自律神經系統的平衡。在後續的章節裡將告訴大家一些測試方式以及訓練動作。如果你能夠在家裡持續練習，即可為自己的神經系統奠定良好的基礎，讓神經系統復原並保持健康。不論你的心願是想改善疼痛狀況，還是盼望趕走憂鬱的陰霾，抑或單純希望能解決消化不良的問題，只要確確實實地練習書中教導的動作，肯定很快就可以覺察到改善的效果。

最後，是本書最重要的提醒。請大家務必放在心上：單單只是翻閱本書並不會改善你的健康狀況。唯有充滿好奇，並且持之以恆多多練習書中的建議動作，才能夠收獲成功的果實！

拉斯・林哈德（Lars Lienhard）

鄔拉・史密特─費策（Ulla Schmid-Fetzer）

艾瑞・柯布博士（Dr. Eric Cobb）

1

神經元治療的重要性

腦部與神經系統通力合作

你想主動出擊，提振自己的身心靈健康，並且讓情緒維持穩定嗎？那麼，你的第一步就是吸收一些腦神經科學的基本知識。首先來瞭解一下腦神經系統的運作原則、任務與限制吧！腦神經系統掌管及調節著人體內所有的生理作用。腦部是身體的「老闆」，這句話說得的確有理。我們先來看看神經元之間的關係與其規則，這不僅有助於瞭解自己的身體症狀以及問題癥結，更可引導你我主動邁向健康之路。本書所謂的腦部與神經元連結並非出自於常見的精神醫學視角，而是強調神經系統的訊息接收與處理。換句話說，本書聚焦於擔任「神經系統幕後功臣的軟體」。

腦神經系統的功能在於維持人體之功能與健康，並下達指令做出反應，保護身體不遇到危險。簡單說，腦神經系統的任務包括下述三大重要步驟：

■ **步驟 1：輸入（input）並傳導。** 輸入指的就是感覺器官接收訊息。訊息的來源可能來自於我們身處的環境，以及人體在活動、呼吸以及運作器官時所形成的大量訊息。神經系統負責先接收這些訊息，再傳送到負責的腦區。

■ **步驟 2：處理訊息，** 亦即分析與解釋訊息。

■ **步驟 3：輸出（output）。** 訊息經過處理分析之後，腦神經系統會下達行動指

令，傳達到身體各個負責執行的部位。

在日常用語裡面，「輸出」聽起來像是有意識的動作。為了避免誤解，我們想進一步澄清這裡所謂的「神經衝動的輸出」。它指的並非單一的動作，而是神經元指令在人體內整個的傳遞過程。例如，神經系統透過輸出神經衝動的指令來調節血壓、調整呼吸、協調運動時之肌肉收縮，或掌管情緒與思考。

這三大步驟一直在腦部及中樞神經系統裡運行。它們和我們對自己身體情況的感覺、器官功能、健康以及行為等之間，有著高度相關。在人類演化過程

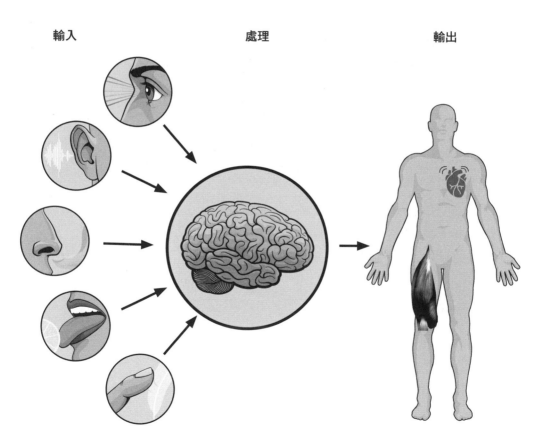

輸入　　　　　　　　**處理**　　　　　　　　**輸出**

腦部及中樞神經系統之運作方式：神經元接收到訊息，加以處理分析解釋，然後再傳遞行動指令。

中，某些在演化初期裡早已形成的腦區專門負責過濾接收進來的訊息。這些古老的腦區負責訊息的處理及分析，彷彿像是「危險過濾器」一般，負責「審核」你我當下行為或情境的安全性。我們不會在意識層面察覺這些審查過程，它們的執行速度就像閃電般迅速。在不到一秒的時間裡，腦部就會判斷當下環境以及身體狀況，而且隨時隨地即時更新。為了瞭解這種「危險分析」的複雜度與涉及的範圍，我們必須知道，需要被分析處理及判斷的訊息事實上來自於全身各部位。例如，大腦必須掌握所有來自於血管壁、肺葉、身體兩側肌筋膜、肌肉、平衡系統，以及來自視覺與聽覺系統的訊息。你可曾自問，自己的這些器官會釋放出怎麼樣的訊息？你又會給自己身體釋放出的訊息打怎麼樣的分數？

這些訊息可能同時生成，或生成時間延遲不一，或數量龐大，並各有特色。但是，腦部只需要一眨眼工夫就可以完成全數訊息的處理與分析，並做出危險或

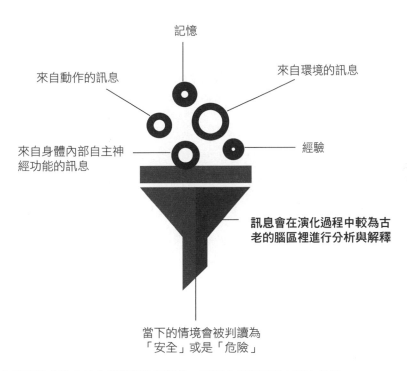

記憶

來自動作的訊息

來自環境的訊息

來自身體內部自主神經功能的訊息

經驗

訊息會在演化過程中較為古老的腦區裡進行分析與解釋

當下的情境會被判讀為「安全」或是「危險」

古老腦區會針對接收進來的全數訊息進行評估，看看它們是否具有潛在危險。

安全的判斷。這不單單只是辨別出真正的危險，還必須「預言」可能出現的危險。體感系統有時候提供的訊息不夠充足，導致腦部無法正確預測，而將當下情境判讀為具有危險性。一旦如此，身體即進入警戒狀態，強力啟動所謂的交感神經系統。

當我們遇到危險、面對壓力、需要展現能力，或需要提高注意力更加謹慎的時候，就由「交感神經」（Sympathicus）來發號施令。相反的，當身體需要恢復與放鬆的時候，「副交感神經」（Parasympathicus）便開始接手。交感神經和副交感神經共同組成「自律神經系統」。共同支配著大多數的器官，相互拮抗消長。一旦兩者之間失去平衡，副交感神經很快就會備受限制。為了讓這兩個重要的神經系統成員能夠恢復平衡，需要一個「仲介」，也就是學名為 Cortex insularis 的島葉。近年來，島葉的相關研究越來越受到重視，因為科學家發現：在人類的情感及內在體感方面，島葉扮演著相當關鍵的角色。並且，島葉還身兼一項重責大任，就是調節交感神經與副交感神經系統之間的關係。詳情待續。

你希望自己變健康嗎？那麼，請確定你從環境、動作以及內在體感系統得到訊息都是明確肯定的。唯有如此，大腦才能夠信心滿滿地做好判斷與解讀訊息的任務，並進行正確的預測。唯有在此基礎之上，大腦才可以最有效率地調節體內所有的作用過程，讓你的生活健康舒適，並且擁有優秀的能力表現。

什麼是對於當下情境的評估呢？怎麼樣才能做到最好最有效？在評估當下情境時，除了接收與分析訊息之外，還必須加上一項重要的元素，那就是：歸類訊息，並運用過往記憶來判讀訊息，例如運用個人過往經歷、經驗或恐懼來與當下訊息做比較。這些神經科學步驟一旦出了狀況，往往會讓我們的健康亮起許多疑難雜症的紅燈，卻難以釐清源頭。大腦最首要的任務就是提供清楚的判斷與預測；除了當下所有的訊息之外，大腦還需要能夠「按圖索驥」的相關線索。

大腦下達的行動指令與後續行動完全取決於它先前接收到的訊息內容、處理與連結。也就是說：如果訊息的內容很少、數量不足，或者負責處理訊息的腦區無法清楚確定地判讀訊息，那麼大腦便無法做出正確的預測，導致我們的行為及

體內的生理作用勢必去遷就現有的訊息。長久下來，大腦能夠保護我們免於危險的功能就會日漸受損，導致體內的各種作用與神經傳導功能必須逐漸去適應並非最理想的新狀況。最後，這終將引起身心靈各方面的健康問題，並讓我們的能力表現大打折扣。可能出現下述症狀，包括：肢體活動能力下降、體力下降、行動控制障礙、疼痛、暈眩、不恰當的情感表現、消化障礙、體重問題，或出現複雜的壓力症候群、恐慌症狀、身體不適感、難以控制的衝動、高度的肌肉緊張、隨時處於警戒或戰鬥狀態，或出現睡眠障礙。

追本溯源，這些身體的反應以及症狀都是因為：大腦及中樞神經系統在接收感官訊息、處理及輸出三大步驟上出現了漏洞。

神經系統的運作方式

現在，讓我們更進一步探討人類的神經系統。它雖然給人既複雜又相當個人化的第一印象，但事實上神經系統的基本結構很規則，每個人都一樣。神經系統幾乎掌管著人體的每個作用。可粗略依據神經系統的任務內容，將之分為兩大類：
■ 負責行動動作的神經系統，以及
■ 多半不受意志控制、自主運作、負責維繫重要生理功能的神經系統。

簡而言之，神經系統可分為：一、由腦與脊髓組成的中樞神經系統，以及二、周圍神經系統兩大類。周圍神經系統又可細分為軀體神經系統以及自律神經系統。自律神經系統負責掌管人體呼吸、消化、血壓及心跳等自動自發的自主功能。

自律神經系統、自律神經系統與中樞神經系統之間的關聯，自律神經系統與腦部之間的特殊關聯，包括自律神經系統的處理及調節功能等議題，都十分有趣。本書將為讀者一一介紹。

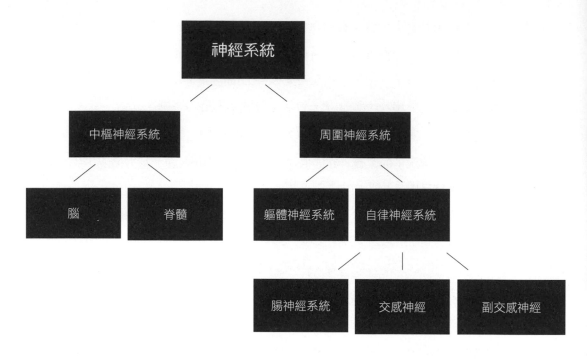

神經系統可分為中樞神經系統以及周圍神經系統。後者又可細分為軀體神經系統以及自律神經系統。

自律神經系統：交感神經與副交感神經

　　自律神經系統可分為三大類，分別是：交感神經、副交感神經以及腸神經系統（縮寫為 ENS）。腸神經系統又被稱為「腸腦」，從結構來看幾乎自成一格。雖然它號稱人類重要的「第二大腦」，但與本書談論的議題比較無關。因此，本書將重點聚焦於交感神經以及副交感神經。這兩者相輔相成，彼此互補。它們不僅共同掌管著人體的自律神經功能，更維繫著「衝衝衝能力表現」以及「放緩腳步＋休養生息」之間的平衡關係。行動派的交感神經專門衝鋒陷陣；反觀副交感神經則是負責安靜與休息。當我們需要展現能力的時候，交感神經會出面讓相關的器官都活躍起來。當緊張狀況平息，得以放鬆休息的時候，副交感神經就會接手，讓身體恢復平靜、自在放鬆。

島葉活躍，可以提升復原力

事實上，很難替「壓力」找到恰當的定義，更遑論壓力造成的影響。一般人經常認為，壓力源來自外在，例如必須在期限內完成某些工作，或滿足某些需求，因此會說自己「有壓力」。不過，這說法可能也是想表達自己在壓力情況下的感覺，亦即描述自己在外在（及內在）壓力情況下的生理及情緒反應。

為什麼有些人是草莓族？另一些人卻能在被輾壓之後，輕輕鬆鬆地復原呢？「復原力」（Resilience，或稱韌性）指的是「個人具有某些因應壓力的特質或能力，雖然處在惡劣情境當中，亦可正向反應」。近年來，復原力議題引發了許多研究與討論。人生不可能不遇見困難，每個人都有挫折的經驗。有趣的是，研究指出：個體對於自己體內訊息的正向詮釋，竟然與復原力有關。意思是：若能夠更精確、更正向的覺察自己的身體與內在狀況，並好好加以詮釋，即可擁有較為強大的復原力，並有效因應外在的壓力源。啊！真希望擁有這種特質。

島葉和許多內在體感的感覺調控以及詮釋都有關係。如果你的島葉功能正常並且足夠活躍，那麼就算人生路上充滿著大大小小的挫折，你也已經穿戴好了防護衣。

現在的世界瞬息萬變，生活步調越來越緊湊，不論平日或放假的時候都充斥氾濫的訊息，很少能擁有真正的「休息時間」。這些情況讓交感神經一直處於激動狀態，造成神經系統極其沉重的負荷，久而久之或許導致自律神經失調。腦部缺乏足夠的休息與再生，導致逐漸失去了恰當的調節功能，或失去了補償因應壓力的全方位功能。結果就是讓我們現代人紛紛出現高血壓、肥胖、消化問題、恐慌、過勞等「壓力症候群」。從神經科學的角度來看，壓力症候群的起因在於腦部

及神經系統的神經歷程與處理歷程出了重大失誤，最終才導致出現這些症狀。

所以，現在最重要的就是去探究：怎麼做，才可以促進交感神經與副交感神經維持健康的平衡關係，以利強化復原力呢？我們身體的緊繃與放鬆狀態必須維持平衡，而其基礎就在於正副交感神經系統之間能夠建立和諧的關係。這才是讓我們能夠健康、舒適、並且能力表現卓越的關鍵。

迷走神經：體內最重要的訊息傳遞者

如何才可以讓交感神經系統鎮定下來呢？答案就是：必須有效激發副交感神經系統。當正負交感神經系統受到良好的調節，兩者維持和諧關係時，兩者就能各司其職、相輔相成。大部分的副交感神經都是迷走神經；迷走神經是副交感神經系統當中最重要的神經；它同時也向島葉通風報信，是島葉訊息來源的主要提供者。迷走神經的功能顯得特別重要。讓我們先來看看迷走神經在整個神經系統裡的特徵與角色。究竟迷走神經執行哪些任務？為什麼它會如此重要？

迷走神經是第十對腦神經。首先，迷走神經的主要任務在於接收來自身體的訊息，然後傳送至大腦。它的副業才是將腦部訊息傳達至各個器官；大約只有五分之一左右的迷走神經屬於所謂的「下傳」神經纖維，將神經指令從腦部向下傳送至內臟器官，並在該處活化與調節器官的自律功能。在下傳的途徑當中，迷走神經也會傳遞抑制發炎的訊息。這對例如備受關節炎或過敏折磨的身體器官以及其他正在發炎的內臟器官而言，不啻天降甘霖！對於健康及身體舒適感而言，更是意義深遠！

觀察迷走神經纖維的分布，會驚訝地發現：迷走神經分布廣泛，環繞著頭皮、耳朵、口腔與咽喉部位、心臟、肺臟以及腹腔的臟器。不僅控制著局部器官的活動，也負責和大腦交換各個器官的訊息。迷走神經是腦神經系統中最複雜的一組神經，它既是腦神經，又同時是周圍神經，還額外負責控制頭部的神經傳導。迷走神經的拉丁字源 vagari 有徘徊、蜿蜒的意思，符合它分支多重而且分布廣

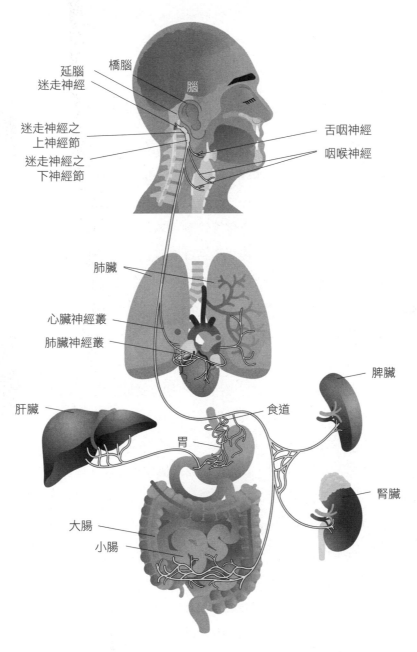

延腦 橋腦
迷走神經 腦

迷走神經之
上神經節
迷走神經之
下神經節

舌咽神經
咽喉神經

肺臟

心臟神經叢
肺臟神經叢

脾臟

肝臟 食道
胃

腎臟

大腸
小腸

迷走神經在人體中的傳導路徑很長，從胸腔一直延伸到腹部。參與許多內臟器官作用的運作。

泛的特徵。迷走神經又被稱為「流浪者神經」，因為許多小小的迷走神經分支大面積地覆蓋住人類的胸腔與腹腔。

內在體感

　　不論迷走神經分布廣泛及分支複雜的特性如何，真正重要的是被迷走神經接收與輸出的訊息。關於「內在體感」訊息的重要性，再怎麼強調都不為過。例如，呼吸作用對人類而言性命攸關；而迷走神經負責將肺部進行呼吸的相關訊息傳回腦部。另外，迷走神經也會負責將身體器官的狀況、正在執行的生理作用、心跳頻率、血壓、血氧濃度的變化等等傳回腦部。例如當我們吃得很撐的時候，胃壁上的「機械刺激感受器」會覺察到胃壁牽扯的壓力，於是回報大腦傳遞已經酒足飯飽的訊號，同時也會調降之前傳送的飢餓感訊號強度。「化學感受器」會將體內例如酸鹼值變化或血氧含量變化的化學訊息傳回大腦。至於「溫度感受器」，除了向大腦通報關於人體溫度的訊息之外，還會向大腦傳遞人體內各組織之間溫度差異的相關訊息。

　　透過迷走神經回傳的訊息，腦部方可約莫瞭解，究竟體內這些沒辦法靠意識來控制的自主神經活動大概經歷哪些作用過程。腦部對體內這些訊息的感覺，就是所謂的「內在體感」（Interoception）。拉丁文字首 inter 有在物體之內的意思，recipere 則是接收、收到訊息。這是一種用來描述人類如何感覺及調節身體內部狀況的模型。除了迷走神經之外，內在體感系統的運作還需要許多其他幫手；包括所有接收並傳輸人體內部訊息的系統，所有彙整處理這些訊息的腦部區域，以及所有分析評估這些訊息的系統在內。內在體感系統的功能不單單僅止於接收及處理訊息，它更需以這些訊息為基礎來下達各種指令。平常情況下，內在體感系統的任務在於維持人體內狀態的穩定；但是我們去運動、鍛鍊或遇到天氣變化的時候，內在體感系統就必須下指令調整，以應付各種不同的生理要求。感覺到的訊息如果模稜兩可，內在體感系統便無法提供大腦準確的預測報告，導致大腦無法做出最佳判斷並下達指令來因應當下的情境。

本書將推薦大家一些練習動作。這些訓練的理論基礎緣起於由迷走神經主要擔綱的內在體感系統的概念。本書希望能夠指導大家透過訓練動作來進行神經元療法，亦即協助大家改善內在體感，讓訊息的接收、處理與輸出更加精準，並提高腦部對於當下情境的預測能力。

在內在體感方面，迷走神經扮演著重要的中介者角色。因此，適當活化迷走神經即可改善人體的訊息接收功能。相關內容請特別詳見本書第 4 章「呼吸與骨盆」及第 5 章「舌頭與咽喉」。如何方可最佳化內在體感系統呢？相關的基礎訓練內容則請參見本書第 3 章「前置準備」及第 6 章「加上觸覺、聽覺、視覺訓練：打造完備的內在體感系統」。

島葉：內在體感的控制中心

現在讓我們更詳細地瞭解一下內在體感的現象。之前提過，在感覺重要（甚至生死攸關）的身體內部訊息方面，迷走神經系統扮演著關鍵的角色。除了迷走神經系統之外，大家可以想像，這些接收到的訊息還需要經過處理及整合。特定的腦部區域負責這份工作，以期運用最佳方式來掌管調節人體的自律功能。在這些腦區當中，尤其以島葉最吸睛；它深藏於大腦皮質內部，而且被頂葉、枕葉及顳葉團團環繞著。為什麼島葉會引起科學家的注意呢？因為研究發現，迷走神經將收集到的絕大多數訊息都傳送到島葉。

過去幾年當中，神經科學發現島葉負責執行許多重要的神經系統任務，於是開始積極研究島葉這個腦區。島葉是大腦裡重要的訊息整合中心，負責調節自律神經系統功能。島葉能夠影響交感神經以及副交感神經之間的拮抗與平衡。它評估內在體感訊息，將這些訊息和其他感官訊息做比較，加以統整詮釋，然後下達指令搭配恰當的情緒。在神經訊息實際的運作過程當中，島葉就是「內在體感控制中心」。

腦部及神經系統必須能夠掌握內在體感過程的運作與評估訊息。一旦收到的

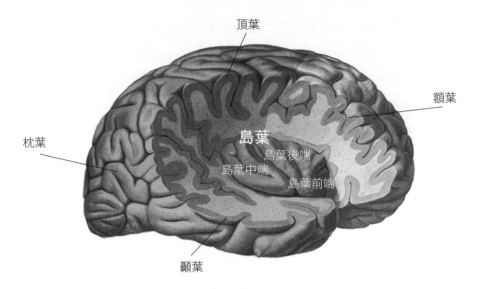

頂葉

額葉

枕葉

島葉
島葉後端
島葉中端
島葉前端

顳葉

島葉是內在體感的控制中心。體積並不大,深藏在大腦皮層內側。

訊息不夠充足,腦部及神經系統便無法好好調節自律神經的表現,進而對呼吸、血壓、消化或其他器官功能造成負面的影響。

如何能夠讓內在體感系統運作無虞,並且將與健康有關的重要面向都整合在一起呢?答案就在島葉!接收到體感訊息之後,島葉會將全部的內在體感訊息完美地整合在一起,然後再連結上個人的記憶、經驗與擔憂,之後再加以詮釋,並進行平衡與調整。因此,內在體感可以說是每個人對自己體內狀況的「個人化主觀感覺」;不單單只是單純的生理訊息,而是廣泛涵蓋了情緒、心理以及精神層面的元素。乍聽之下,大家或許會認為這些過程這麼複雜,島葉怎麼可能有機會施展身手呢?其實不然。體感訊息的統整過程都是在島葉當中進行的;島葉就像其他腦部區域一樣具有「可塑性」,必須持續調整自己的功能來適應各種不同的狀況。島葉可以被訓練,可以被改變!

下一節,我們將更詳盡地描述島葉的結構與功能特點,並讓大家瞭解有效改善與活化島葉的方法。

島葉的構造與功能

島葉大約可分成前端、中端與後端三個部分。從功能執行層面來看，島葉後端負責處理來自於內在體感系統、運動動作、感覺，以及來自於外在環境的原始訊息。

島葉中端則負責整合這些訊息，將這些訊息和其他感官訊息加以比較，並做出評估判斷。

島葉前端則將這些訊息和個人過往的經歷、經驗與記憶互相比較。島葉完成這些任務之後，我們就會得出認知評價，並在意識層面覺察自己的情緒。

大部分的腦神經科學定義認為：大多數的訊息會先傳送至島葉後端，再往前端輸送。島葉前端隸屬於大腦，亦即屬於比較高級的腦區，掌管著意識與認知功能。本書強調的島葉活化訓練，主要集中於活化島葉後端與中端。當這兩個島葉區塊得到適當的刺激之後，整個島葉就會變得活躍，功能即可大幅提升。

島葉包括兩個次系統，或可說是兩個控制中樞，分別是：「前庭整合皮質」以及「嗅覺中樞」。它們負責評估特殊的訊息，並加以整合。從所在位置來看，這兩個控制中心在島葉裡各據一方，因此可分開加以有效活化，並改善其功能。例如：前庭整合皮質負責掌管前庭平衡覺以及所有的感官訊息；它位於島葉**後端**。因此，我們先針對訓練島葉後端，即可先把平衡系統訓練好（第 3 章開始），為整個內在體感活化訓練打好基礎，做好萬全的準備。

嗅覺中樞位於島葉**中端**，負責處理與判斷嗅味覺訊息的強度，也會不斷自問：「有什麼感覺啊？」因此，嗅味覺訓練企圖活化島葉中端，以便提升它所負責的多重功能。對於難以減重者而言，這類訓練相當重要，為什麼呢？因為嗅味覺訓練非常強調（例如特別喜歡、討厭或覺得噁心等）「很有 feel」的元素。而且，島葉中端負責整合所有的感官訊息，這表示：一旦嗅覺中樞得到活化，島葉主導的訊息整合歷程即可更有效率與流暢。

社會與情緒中樞位於島葉**前端**，負責覺察他人的感覺並加以處理，也參與我們例如驚恐、恐懼與憂鬱等情緒處理與連結。另外，島葉前端也負責與例如大

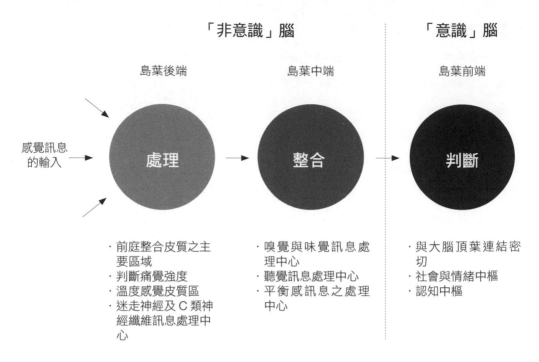

	「非意識」腦		「意識」腦
	島葉後端	島葉中端	島葉前端

感覺訊息的輸入 →

處理 → **整合** → **判斷**

· 前庭整合皮質之主要區域
· 判斷痛覺強度
· 溫度感覺皮質區
· 迷走神經及 C 類神經纖維訊息處理中心

· 嗅覺與味覺訊息處理中心
· 聽覺訊息處理中心
· 平衡感訊息之處理中心

· 與大腦頂葉連結密切
· 社會與情緒中樞
· 認知中樞

大多數訊息在島葉中的歷程方向乃由後端進入，經過中端，再到島葉前端。

腦額葉等更高層級的大腦皮質區直接互動連結。在訓練內在體感系統的時候，我們可以利用這些特殊的腦區及其連結，以活化與調節島葉各部位特定的任務與功能。如上所述，島葉的前、中、後端可分開活化，並促進功能提升。

島葉的任務 No.1

島葉的功能非常多元，連結又多，與其他腦區及器官的交互影響也不少。它參與體內許多的神經作用歷程，並且扮演著重要的角色。島葉參與的神經作用包括：

■ 接收內在體感訊息。

■ 控制與調節內臟肌肉（例如消化器官的肌肉層）。

■ 判斷疼痛強度及慢性疼痛類型。

接收溫度訊息並加以調節。

調節呼吸並控制血壓及脈搏。

運動及壓力情境下的自律功能。

整合平衡訊息。

手眼協調與動作學習。

吞嚥與發聲功能。

調節自律神經系統，並協調正副交感神經系統啟動。

調節免疫系統。

軀體感知以及「身體所有權」（Body Ownership）的感覺。

處理聞到臭味及看見噁心圖片的感覺。

接收與分類基本的情緒反應（例如恐懼、憤怒、討厭、喜悅及悲傷）。

轉移及持續注意力。

　　島葉的功能一旦出現障礙，便無法妥善完成上述諸多的神經系統任務，容易導致自律神經失調。自律神經失調會出現許多症狀，例如可能首先在體內累積許多壓力症狀，例如在消化系統及消化器官功能方面出現消化障礙、消化不良、胃食道逆流等症狀，進而影響整個自律神經系統功能。又或者，自律神經系統無法適應環境條件的變化及要求，例如導致爬樓梯時氣喘吁吁，或在運動時上氣不接下氣。島葉功能低下者經常出現例如肢體動作不協調、無法保持身體姿勢及穩定性、無法學習新動作等情況。另外，島葉功能障礙也可能導致人體出現關節炎、過敏、自體免疫系統失調等免疫系統疾病。

　　之前提過，島葉在處理與詮釋外界刺激及體內改變之後，最終會產生感知並分類成各種情緒。這是島葉重要的功能之一。若此功能不彰，將導致一連串的情緒調節失靈；例如一旦島葉功能下降，在遇到挫折、遭逢情感問題或抒發情緒時，很可能爆發出不恰當的大笑、大哭，或更嚴重地出現憂鬱症或恐慌症症狀。尤其糟糕的是，當功能失調的島葉接收到內在體感訊息之後，卻無法加以精確詮

釋，導致大腦皮質只能憑藉舊日記憶「妄自解讀」這些訊息的意義，例如將口渴的訊息誤判為飢餓。再者，島葉前端掌管憂鬱及恐懼等情緒，一旦這個腦區過於活躍，便容易傾向於「由上而下」的調節指令，導致只注意某特定的體感訊息，並加以誇大詮釋。相關內容請詳見本書第 7 章。

島葉與內在體感功能障礙的可能影響

- 腸躁症、腹部長期脹氣、胃食道逆流
- 飲食障礙
- 過於害怕、恐懼症、憂鬱傾向
- 無法正確判斷疼痛等級，例如身上全是「超乎想像的痛」
- 無法解釋或瞭解情緒及情感
- 哭笑不當
- 無法處理個人的創傷事件
- 缺少對於「身體所有權」的感知
- 行動障礙、新動作學習障礙
- 聽覺訊息分類障礙
- 心血管及呼吸功能難以適應運動或危急狀況
- 頭暈或平衡障礙
- 暈車、暈船、暈機
- 有意識地聽見自己的心跳
- 吞嚥困難
- 罹患過敏等慢性免疫系統疾病
- 難以整合感官訊息
- 過動症及其他注意力障礙疾病
- 骨盆問題

內在體感系統失調之後所出現的症狀，不僅數量龐大，而且涉及範圍極廣。這就是這些症狀不易根治的原因。如果單單只是分開治療某項病徵，治療效果通常都不如預期。為什麼呢？因為我們必須在更大的格局裡考慮這些症狀的關聯性，並且找出隱藏在這些症狀背後的神經系統功能障礙。本書希望透過訓練來改善神經元的傳送歷程與功能連結，亦即改善神經訊息的輸入，以及經過處理連結之後的訊息輸出。因此，本書特別強調島葉的重要性，因為它負責調節正副交感神經之間的平衡關係。這項和諧關係才是健康舒適的基礎。在真正進行訓練之前，先讓大家簡略瞭解本書的內容架構以及使用方法。

如何使用本書

本章導論談的是神經科學領域的基礎知識，包括腦部及神經系統的功能，並強調內在體感系統對於人體健康、舒適感及能力表現的重要性。人類能夠主動影響內在體感的運作。透過瞭解神經元結構、任務與彼此間連結的相關知識，即可有效改善神經訊息的輸入及輸出，亦即能夠提高內在體感系統功能及自律神經系統的調節效果。

我們將於各章中逐一提及改善內在體感系統的理論基礎與做法。讀者可從各章學會簡單又有效的練習動作，隨時隨地練習，絲毫不麻煩。第 2 章的「自我評估」引導大家用 5 項快速測試，評估各項練習對於自己神經系統的幫助。如此一來，大家即可自行判斷應該繼續哪些練習，或暫時不做哪些練習。透過這些測試，大家可逐步發展出適合自己的最佳訓練計畫。每章都列有一份清單，供你記錄測試結果。

從第 3 章開始內在體感系統的前置基礎訓練。透過練習，大家可以有效改善內在體感的條件，並盡可能為日後的訓練奠定良好的基礎。第 4 章及第 5 章專門訓練各單一面向之內在體感系統，例如強調呼吸、骨盆、活化舌頭與咽喉部位的訓練；這些練習特別加強活化迷走神經系統。之後，第 6 章將介紹按摩、感覺溫

差、定位及分辨聲源刺激、眼部放鬆等好幾種不同的方法。這些方法皆有助於提高島葉功能，並活化副交感神經系統。第 7 章則專門介紹如何透過身體感覺訓練與注意力訓練來提高島葉前端的活躍。

每個人的健康問題及症狀並不相同。第 8 章教導大家依據個人狀況來擬定「訓練組合包」，例如發展出各種不同的個人化訓練計畫，以改善每個人不盡相同的消化問題、慢性疼痛問題、骨盆問題、情緒問題等等，以便提升舒適感、減緩壓力，或增加能力表現。

各章皆有清楚列出該訓練島葉的哪一個特定區域，而且能夠改善哪些症狀。如此一來，大家即可透過訓練來讓自己變得更健康！

依據個別需要進行訓練

內在體感是相當複雜的整合歷程。書中每一章都會提供讀者們一些訓練建議，例如教導大家如何做呼吸或舌頭等單一功能訓練，或是如何將好幾個動作整合在一起，變成個人化的內在體感訓練特餐。神經系統通常充滿著強烈的個人色彩，因此我們並無法預測，究竟哪些部位的訓練對你而言最為重要。書中的訓練建議雖囊括身體各不同部位，但請大家不必覺得混淆，只需要依據個人測試結果，選擇最適合自己的訓練領域組合即可。對於改善當下的健康狀況一定有幫助。

訓練重點在於，不論選擇了哪些訓練項目，請務必至少每天練習 20 至 30 分鐘，才可能期待正向效果出現。依據個人喜好可以集中加強某個項目，或在整項訓練規劃裡納入兩個或三個大項目。

規律鍛鍊，為了健康到老

按照本書建議鍛鍊，有助於你拿回健康自主權，為自己找到更多的心靈歡喜與舒適，並維持良好的日常能力表現。請有效運用這些神經科學知識，以利更迅速更棒地達成自己的健康目標。近年的一些神經科學新知提及「腦神經系統的可塑性」，聽起來讓人覺得不可思議，卻意義重大。相關研究發現：不論年紀多大，

不論當下狀況有多糟糕，人類大腦的功能仍然可以改善，仍然可以升級優質化。
這項神奇的事實指明：透過訓練，你我絕對可以提升腦神經系統的功能與表現。
原則上，每天練習 20 到 30 分鐘，並持續 6 至 8 週，即可達成神經元的改造目
標。當然，大家也可以自由延長每天的練習時間。請開始練習，並歡喜享受訓練
成果！

2
自我評估

評估你的訓練成效

　　要達到最佳訓練成效，我們需要評估每項練習。神經系統跟指紋一樣，都是獨一無二的，因此每個人對訓練也會有不同的反應。如果你能了解自己的神經系統對練習的反應，就能制定出最佳的訓練計畫。很多人都說，練習一定有益健康，但是從腦神經科學的角度來看並不一定正確。如果你不做測試，練習成效就只能單憑臆測。

　　神經系統是人體中傳輸最快且調節能力最高的系統，它對接收到和處理中的每個新訊息都會立即做出反應。如第 1 章所述，大腦從身體和環境中接收訊息（輸入），分析並整合這些訊息。大腦會根據分析結果，將訊息傳送至執行的器官，如肌肉、肺部或心臟（輸出）。我們可以藉由一些簡單的小測試來評估這個「輸出」，而訓練進展就靠神經系統對不同練習做出的反應來決定。輸出有獲得改善，還是完全沒有改變？或甚至是成效降低了？我們可以根據評估結果對每項練習效果做分類，並將它納入訓練中。

如果不做評估,你就只能單純臆測成效,無法確切知道自己做的練習和訓練
計畫是否真能改善神經系統。因此我們建議,在逐章做訓練時都要自己測試,並
將評估結果記錄在每章結尾的表格裡。填寫這表格能方便你更輕鬆地制定個人訓
練計畫。每章結尾都有一份訓練指南,而且我們在第 8 章提供了特別的訓練組合
包,這些都能幫助你持久有效地改善身體問題。

如何做自我評估?

評估方法其實相當簡單。先做其中一個評估項目,例如身體活動度測試「體前
彎」(第 47 頁),接著做練習,例如「袋子呼吸」(第 154 頁)。做完練習後,再次做
一次評估(重新測試)。以「體前彎」為例,若身體活動度在重新測試後有改善,
就表示這項練習有益於你的神經系統。把練習結果標記在表格上。如果在練習過後
發現結果沒有任何改變,或者只有輕微的改善,則表示它的效果是中等,也請記錄
在表格中。基本上,良好或中等效果的練習都可以立即納入你的訓練計畫。

若是重新測試的結果反而變得更差，這表示你的神經系統將這項練習感知為一種「不清楚的訊息」，認為它有「威脅性」，所以評估結果不理想。不用擔心，這正是我們要確認的。評估重點在於練習對神經系統的影響，而不是評定表現的好壞。如果在練習中傳送到大腦的訊息被歸類為不能充分預測，大腦會無法接收和解讀，因此直接反應在輸出上。這時候就需要調整練習的強度。請先在表格中記錄結果，並且測試書中的其他變化式。如果做完了變化式，自我評估還是達不到「良好」或「中等」，請先暫時擱置這項練習，去做其他成效更好的練習。

　　根據評估結果，練習可分為三種：

■ **良好**：對神經系統、改善內在體感的成效最大。評估結果在經過練習後明顯優於先前。

■ **中等／偏良好**：效果介於中等到良好之間，可以直接納入訓練計畫。為了獲得更佳的效果，可以調整練習強度或結合其他的練習。

■ **有待評估**：練習目前未獲得理想成效。如果在調整強度之後成效仍然沒有改善，應該過一段時間後重新測試。

測試固然重要，但不該造成壓力！

如果你一想到要「接受測試」便覺得面臨挑戰，感受到額外的壓力，那就先跳過測試，從你喜歡的練習開始吧。等你不再感到那麼有壓力時再來做評估。

適度運動

　　剛開始你可能會覺得，儘管訓練方向是正確的，某些練習仍然使你感受到「壓力」。有多種方法可以調適：

■ 降低速度或活動範圍以減少刺激，例如在做平衡訓練時。

- 降低需要對抗的阻力，例如訓練呼吸肌時。
- 調整訓練時間以達到良好成效，也就是減少練習的時間長度，並且在練習中稍作休息。
- 如果你覺得拉長練習時間的訓練效果更好，可以延長練習時間。
- 改變訓練計畫中的練習順序，但需要再做一次測試。
- 比指定的練習時間更密集、更長時間地練習。

　　在每一章中都會提供指示，告訴你有哪些選擇可以調整。若你對某些練習感到有壓力，就先暫時擱置，過段時間後再次測試，並請繼續做那些有良好效果的練習。完全不須擔心這會影響你的訓練成效。實際上，那些一開始帶給你壓力的練習，過一陣子就會有良好成效。

小練習，大影響！
不要小看練習的影響！這些練習乍看之下簡單且毫無作用，但它們的成效可能超乎你的預期。

評估 1：活動度

　　活動度的測試簡單快速。我們在書中介紹用來改善內在體感和活化腦部的練習，能大幅度改善人體的伸展度。伸展度是大腦和神經系統可以接受並忍耐的伸展範圍或拉扯組織的量。你的伸展度也決定了你的活動度。這意味著，如果能改善負責分析和判斷內在體感的腦部功能，就能改善活動度。接下來會介紹三種不同的活動度測試，可以直接用來檢視練習和訓練的成效。選擇一項你覺得最安全適當的測試。如果你的平衡感欠佳，體前彎可能就不適合你。請先從肩膀活動度的評估開始，以檢視你的訓練效果。

〉體前彎

1. 採站姿，雙腳與髖部同寬，脊椎放鬆打直，呼吸保持平穩順暢。眼睛直視前方，手臂輕鬆垂放。

2. 從這個姿勢開始，上半身盡可能向前向下鞠躬，並試著用手指觸摸地面和腳趾，或沿著雙腿能碰到的最低位置，過程中膝蓋不能彎曲。感受背部的緊繃，並記住自己可以彎曲的最大幅度。重複測試 2 到 3 次，以便基本了解你的活動度。肌肉緊繃度和活動範圍可做為重新測試的比較值。

〉身體水平扭轉

1. 採站姿，雙腳與髖部同寬，脊椎放鬆打直，呼吸保持平穩順暢，眼睛直視前方。從這個姿勢開始，將手臂伸直抬高至與肩膀同高，雙手手掌合併。
2. 上半身以最大幅度向右扭轉 2 到 3 次。
3. 接著以最大幅度向左扭轉 2 到 3 次。切記，腳尖朝前保持不動。若有一側的扭轉幅度較小，則十分適合做為評估。記下身體扭轉所引起的緊繃感和活動範圍，以做為重新測試的比較值。

〉肩膀活動度

1. 採站姿，雙腳與髖部同寬，脊椎放鬆打直，呼吸保持平穩順暢，眼睛直視前方。右手肘彎曲 90 度，並將手臂向側面提至肩膀高度，手心朝下。這就是起始位置。

2. 手臂以最大幅度往後上方轉動 2 到 3 次，再回到起始位置。

3. 接著手臂以最大幅度朝後下方轉動 2 到 3 次，再回到起始位置。接下來換左手練習。若有一側的旋轉幅度較小，則十分適合做為評估。分別記下雙手的活動範圍和緊繃感，以做為重新測試的比較值。

評估 2：疼痛度

另一項評估內在體感的方法是為自己的疼痛度分類。疼痛感和島葉功能密切相關，如第 1 章所述，在判斷疼痛度時，島葉扮演著重要的角色。如果訓練後疼痛感減輕，就表示島葉的功能透過練習獲得了改善。

〉疼痛程度評估

如果你經常或甚至長期有疼痛困擾，就可以用你感受到的疼痛做評估。要注意你做哪些動作會引起疼痛，請小心控制你的動作，保持放鬆，並專注在疼痛上。如果把疼痛感分成 1 到 10 級，你的疼痛屬於哪一級？1 是極輕微的疼痛，10 是無法忍受的劇烈疼痛。劃分你的疼痛感，並記住數字。這就是評估時的比較值。如果練習後疼痛感有減輕，就能把這項練習列入「效果良好」。如果在休息時仍然感覺到疼痛，請一樣按照上述方法劃分疼痛感。額外引發疼痛感的動作暫時不要做。

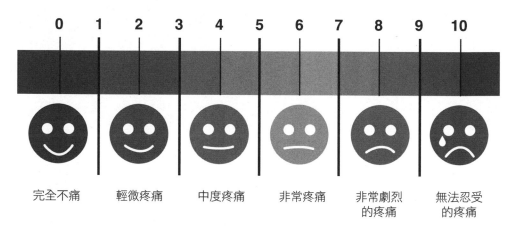

你的疼痛感有幾分？這個臉譜表可以幫你劃分疼痛強度。

評估 3：呼吸狀況

你能屏住呼吸多久而不會感到嚴重的呼吸困難？這可以用來推斷大腦能否
充分評估生理狀況。閉氣和因為閉氣而引發的體內生化改變，需要由島葉正確
分類，並調節血液中的氧氣和二氧化碳濃度。如果你不能忍受呼吸困難的感覺，
或是你的大腦很早就通報「危險」訊號，這表示大腦正確評估身體訊息的能力受
到限制。因此，你能閉氣且無呼吸困難的最長時間，可以用來評估內在體感的功
能。如果測試的練習有效，你能平穩順利閉氣的時間就會越來越長。

基本上，人體有足夠的氧氣可以輕鬆維持 30 秒以上不呼吸，而且不會感覺到
急著呼吸的衝動。然而在實際上，內在體感功能障礙會導致明顯的吸氣衝動很早
出現，而且有些人無法抑制這股衝動，往往在幾秒鐘過後就覺得需要吸氣。評估
的目的就是察覺大腦這方面的反應。本書的所有練習能幫助你延長閉氣的時間和

提升呼吸困難的忍受力。如果剛開始這項評估讓你不適，請先做其他評估，過幾週後再測試。

〉閉氣

輔助工具：計時器

採站姿，雙腳與髖部同寬，脊椎放鬆打直，呼吸保持平穩順暢，眼睛直視前

方。闔上嘴巴，有需要的話可以另外捏住鼻子，並開始計時。在你可以忍受的時間內盡可能憋氣。剛開始做時不要太過逞強，評估不是比賽！當你開始感到不適，有吸氣衝動或亟需吞嚥時，記下這個時間，做為再次測試的比較值。請在相同的先決條件下做這項評估，以便得到最佳的練習結果比較值。你可以在開始評估前，依你喜歡的方式緩和地吸氣與吐氣。

提醒：如果你非常激動或身體過於操勞，都會影響到忍受閉氣與呼吸困難感的能力，控制能力也會降低，進而影響到評估的結果。

評估 4：肌肉收縮

　　另一項評估內在體感的測試，是盡可能長時間維持肌肉收縮的能力。要維持肌肉收縮，身體需要良好的自主調節功能，例如適當調整由於長時間維持肌肉張力而改變的血壓值、血流量或肌肉內部壓力。因為島葉也參與了自主運作功能的調節，所以長時間收縮肌肉的能力可以視為島葉功能與活躍度的指標。

　　接下來我們要做簡單的身體左右側支撐練習，你要盡可能長時間維持肌肉張力。如果某一側的耐力較差，表示中樞神經系統無法在肌肉收縮時充分地調節自主功能。如果你在練習過後更容易讓肌肉收縮和維持張力，就表示大腦現在更能控制這些自主功能。

感到適當的疲累即可！
這項評估會相當吃力，因此不需要竭盡全力去做，以免讓肌肉過度疲勞。通常你很快就會注意到自己已經難以維持肌肉收縮，或身體一側的肌肉張力明顯下降。

〉維持肌肉張力

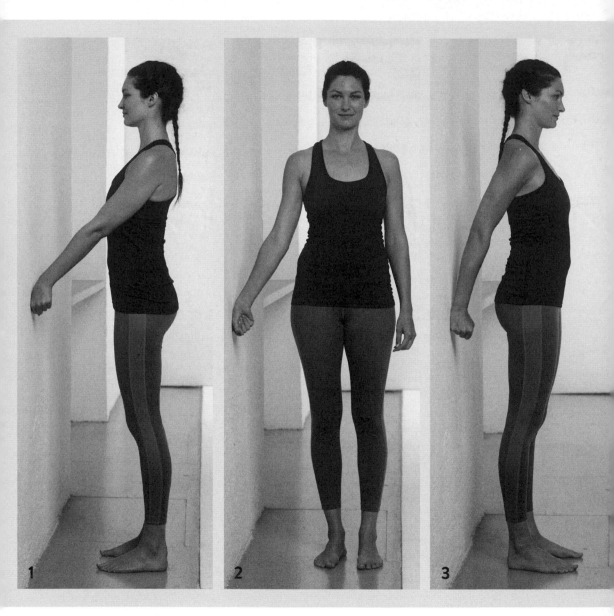

1. 採站姿，雙腳與髖部或肩膀同寬，站在距離牆或門框前面50至60公分的地方，身體面向牆。脊椎放鬆打直，呼吸保持平穩順暢，眼睛直視前方。單手微微握拳，並將手肘微彎。以大拇指和食指靠牆，剛開始先輕壓在牆上，接著慢慢加重力道。不斷增加肌肉的張力，以便在5到10秒後達到最大強度。以這個最大的力道按壓牆壁，並計算自己可以支撐多久（以秒為單位）。確保身體保持平穩並盡可能放鬆。切記，只用手臂施加力道。

2. 改變身體方向，手壓向旁邊的牆。注意，一開始不要太大力，慢慢地施加力道，並盡可能長時間維持最大張力。

3. 最後背對牆，然後將手臂的力量放在拳輪（握拳後，小指的側面部位），以小指抵壓牆壁。再次緩慢增加張力，並盡可能長時間維持最大的張力。然後換左手臂，重複步驟1到3次。

提醒：不論你面朝那個方位，你與牆壁的距離和位置都要一樣。測試時通常會發現某一側的耐力明顯較差。耐力較不持久的那一側可用做評估。

評估 5：平衡力

　　最後一項是平衡測試。保持平衡的能力與島葉和內在體感的功能密切相關。島葉包括前庭的整合皮質，這個區域負責處理平衡訊息，並與其他的感覺訊息整合和調整。此外，島葉與小腦的中間（小腦蚓部）會交流訊息。小腦蚓部與身體核心的協調和穩定密切相關。若能更好地處理和整合平衡訊息，透過改善島葉活動性進而活化小腦蚓部，通常就能改善平衡並且站得更穩。

　　接下來要做「雙腳平行併攏站立」和「雙腳前後站立」兩項評估。你要讓雙腿盡可能緊密併攏，讓身體難以保持平衡。如果練習計畫有效，重新測試相同的平衡練習時，你會發現自己更加平穩，更能控制身體的平衡，保持平衡的時間也會增加。

〉雙腳平行併攏站立

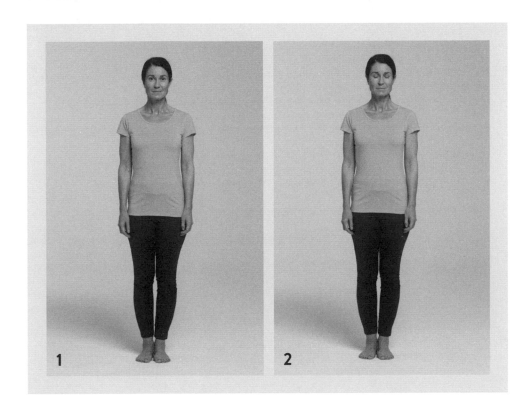

1. 採站姿，雙腳與髖部同寬，脊椎放鬆打直。呼吸保持平穩順暢，眼睛直視前方。將雙腳併攏，維持這個姿勢測試你的平衡 15 到 20 秒。

2. 如果可以的話，請閉上雙眼，這會增加測試的難度。注意自己站立時維持平衡的感覺。你能一直站穩並維持身體放鬆嗎？還是你注意到自己逐漸開始晃動，變得不穩？記下你對此站姿的感覺，並將這種感覺當做初始值和比較值。

〉雙腳前後站立

這是平衡評估的進階版。做過雙腳平行併攏站立後，如果沒有出現任何平衡的問題，再做這項評估。

1. 採站姿，雙腳與髖部同寬，脊椎放鬆打直，呼吸保持平穩順暢，眼睛直視前方。
2. 將右腳伸至左腳前方，讓右腳腳跟碰觸左腳腳尖，維持這個姿勢，測試你的平衡 15 到 20 秒。
3. 如果可以的話，請閉上眼睛，增加測試的困難度，讓測試更有效。
4. 張開眼睛，變換姿勢，左腳伸至右腳前方，維持這個姿勢測試平衡 15 到 20 秒。
5. 可以的話，請閉上眼睛，注意你需要保持平衡的強度和站立時的平穩性。兩種站姿有什麼不同嗎？如果某一個站姿較不易保持平衡，就以它做為評估。

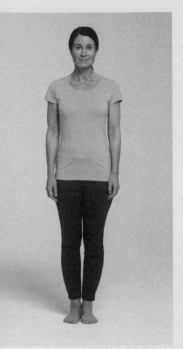

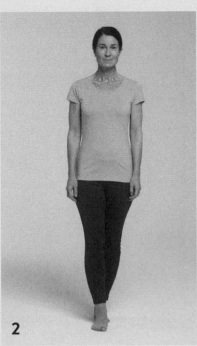

2

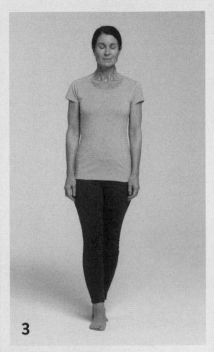

3

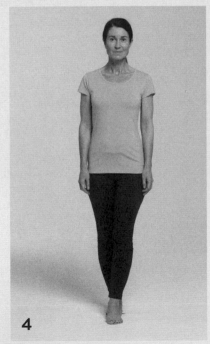

4

5

感知改變有益健康

每次練習後，你都能直接察覺到身體和內在體感的變化。注意一下，你的呼吸是否加深且變得更輕鬆，身體整體感覺變得更舒暢，或是壓力有減輕。這些雖然不是典型的評估方式，但可以清楚地告訴你，練習如何在短期內直接影響你的中樞神經系統，這是我們想要達成的效果。

如果你已經練習了數週或數月以上，島葉的功能和內在體感逐漸獲得改善，那麼你在之後肯定會發現更多改善的跡象。這些跡象可能因人而異，且不會同時出現。下列是身體和感覺可能發生的變化：

睡眠品質提升，感覺早上更有活力。

感覺更有活動力，或更有運動的動力。

在社交場合、會議中或在充滿刺激的嘈雜環境中（例如在百貨公司），不適感和恐懼感降低。

不論在休息時、在壓力下，或做任何體力活動時，呼吸都有改善。

對自己身體狀況的意識提高。更容易區分自己何時處於緊張或放鬆狀態，或是感到肌肉痠痛時，能夠劃分出痠痛的程度。

察覺整體耐力提升，疲勞現象也減少。

浮腫情況減輕。

發炎反應減少。

飯後腸胃區域的壓力減少。

平衡感改善。

嗅覺改變。有可能變得更會識別氣味，或者原本對氣味太過敏感，對氣味的敏感度會降低。

吞嚥能力改善，較易吞服藥丸或膠囊，或在飲食時吞嚥變得更輕鬆自然。

聽力改善也是常見的情形。

飢餓感和乾渴感正常化。為了讓自己感覺「良好」而吃東西的衝動減少。

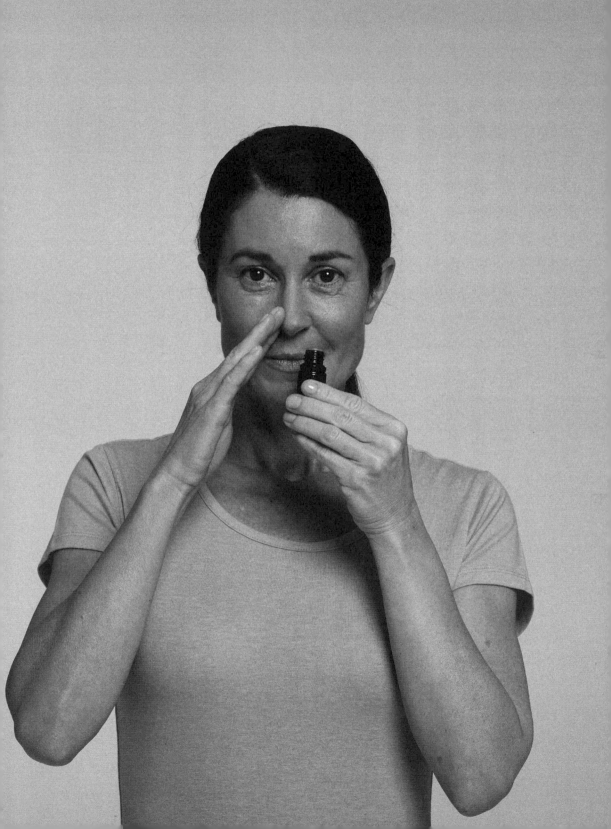

3

前置準備

準備做活化迷走神經與內在體感訓練

讀過前兩章的你已經知道：內在體感的神經學表徵相當複雜與多元。究竟要做好什麼準備，才可以提振內在神經訊息的接收與調節功能？如何讓身體內部的訊息和島葉之間產生更緊密的交互關係，強化它們的功能？這些都是增進內在體感、能力表現，以及改善健康的基礎，值得我們留意。

本章目標在於為神經元訓練做好前置準備，以利充分達到神經元訓練的良好效果，並改善大家的內在體感能力。第 4 章到第 7 章會介紹各個單一感官的訓練。只要改善其中一個面向，你便可察覺到壓力獲得紓解，能力表現及健康狀況得到改善。不過，如果能夠做全方位訓練，就更能為神經元訓練奠定強大的基礎，進而獲得訓練帶來的神效。

本書旨在讓讀者獲得神經系統運作的進階知識，聚焦於活化額葉、關注與島葉互動頻繁的大腦皮質區，並進一步瞭解人體的平衡機制與其改善之道，因為平衡系統是所有神經系統的根本所在。在島葉功能以及內在體感功能方面，平衡系統具有舉足輕重的角色。因此，極力推薦大家務必在個人的神經元訓練計畫中納入平衡系統的訓練。此外，島葉中端負責整合感官訊息，而嗅覺與味覺訓練有助於活化島葉中端功能。最後，因為神經訊息乃從肢體傳向大腦，所以也需要脊椎

等「硬體」配合。如何維持良好的頸椎姿勢，並讓迷走神經的傳導途徑暢行無阻也十分重要。本章最末一小節將提及活化「運動輔助區」的方法。運動輔助區位於前額葉，負責統整及調節內在體感歷程，功能相當重要。讀過本章後你會發現：只要前置準備做得越好，單一感官的內在體感訓練效果就會越明顯。

活化額葉

觀察島葉與其他腦區的互動可以發現：島葉會和額葉交換大量的訊息。額葉除了負責認知功能及動作控制之外，最重要的任務之一就是控制或抑制當下的行為反應。大腦接收到刺激後，會下達指令做出行為回應或抑制行為。簡單說：大腦額葉必須判斷當下應給「綠燈」，同意行使某項行為；或者必須亮起「紅燈」，抑制某項行為發生。負責處理紅綠燈訊號的額葉區塊並不相同。一旦紅燈燈號故障不亮，或亮得太慢，額葉無法抑制某些神經指令傳送，就只能在大腦既有的「解決方案及行為模式資料庫」中搜尋匱乏的反應模式，最終可能做出不恰當或不合乎行為規範的反應。人類的神經系統與後續行為都非常需要紅燈訊號，才會通知我們知道：「我已經吃飽了，還是放棄眼前這塊誘人的蛋糕吧！」紅燈訊號不僅是絕對必要，更需要及時亮起。不然的話，大腦可能轉成隨著慾望起舞的「自動導航模式」！

如何可以好好處理神經系統接收到的訊息，並加以恰當的調節呢？有效的做法就是針對額葉進行強化與訓練。本章建議的訓練動作能夠活化額葉相關區域，協助我們分辨例如飢餓感或口渴等內在體感刺激，並提高我們對於不恰當刺激的控制能力。

〉掃視訓練：水平跳視

　　水平跳視（也稱做掃視）是刺激額葉和島葉後端的簡單方法。參與跳視運動的神經組織位在額葉眼動區，並在這裡啟動跳視運動。眼動區緊鄰額葉，屬於額葉的一部分，額葉也是共同負責抑制衝動的區域。大腦中相鄰的區域會互相影響彼此的活動，因為它們通常是由相同的血管供應血液。用跳視運動活化眼動區，負責抑制衝動的額葉會因此得到更好的血液供應而活躍起來。視線停留在目標物上的眼球動作是由對應的小腦協調，小腦直接向額葉報告跳視運動的精準度，並且讓額葉在必要時改進精準度。這樣的聯繫交流能讓額葉的工作效率提升，因此我們可以用觸發跳視運動直接刺激額葉，也可以將視線停在目標物上給予間接的刺激。眼球運動特別能夠刺激島葉後端，而島葉後端的活動提高，有益於減輕總體壓力和調節疼痛。

1. 採站姿，雙腳與髖部同寬，脊椎放鬆打直，呼吸保持平穩順暢。雙臂伸直舉至視線高度，雙手拇指朝上指向天花板。雙眼看向右手拇指。
2. 來回掃視左右手拇指30至90秒。切記，頭部不可隨視線移動。

〉搭配字卡的掃視訓練

輔助工具：兩張訓練字卡

```
N Y
X W
Y T
W M
S P
M M
P S
O W
L D
K E
U D
I F
O G
P T
Z Y
K J
B L
```

為了增添訓練的趣味，我們要使用特製的跳視訓練字卡。你的眼睛必須從左到右逐行掃視字卡上的字母。這項跳視運動的變化式需要集中的注意力和精確的雙眼協調，以便眼睛在快速掃視時，能在正確的字行間找到相對的字母。這樣做也會使額葉更加活躍。

1. 採站姿，雙腳與髖部同寬，脊椎放鬆打直，呼吸保持平穩順暢。把訓練字卡放在眼前大約 60 到 80 公分的地方。
2. 眼睛看向字卡左邊的第一個字母。
3. 從左到右逐行掃視字母 30 到 90 秒，接著回到長框內由上到下掃視。切記，頭部不要隨視線移動。

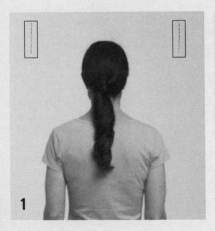
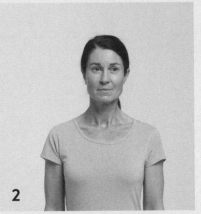
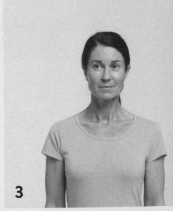

〉反向掃視

　　反向掃視訓練是透過眼睛活化額葉區最有效的方法。額葉是抑制衝動的區域，每當它抑制因視覺刺激而產生的衝動時就會活躍。這項訓練要靠做出相反動作來抑制衝動，也就是控制對刺激的反應。人類的視覺系統是這樣的，一旦我們在周圍環境感知到不尋常的動靜，眼睛就會反射性跳到那個目標。如此一來，我們才能弄清楚那是什麼東西，以及那裡是否潛藏著危險。每當我們感知到外界刺激，視線就會自動被吸引過去，因此要練習抑制此自然反應。也就是接受到視覺刺激時要抑制住自然反應，將視線從刺激上移開。這項特別的跳視運動可以強烈刺激到涉及抑制衝動的大腦區域，所以需要比掃視訓練更高的專注力。此外，它

2

4

還可以活化島葉前端，特別有益於情緒調節。你只需要一位訓練同伴來做這項有趣又有效的練習。

1. 採站姿，雙腳與髖部同寬，脊椎放鬆打直，呼吸保持平穩順暢。同伴站在離你大約一公尺半的地方，他的手臂舉到視線高度。一開始，眼睛放鬆地看向他的額頭，或視對方身高而定，如果對方比較高，就看向他的下巴。
2. 同伴開始用食指和中指快速地晃動或揮動。當你的視線停留在他的額頭或下巴上，會先只在視線外圍看見他的動作。
3. 一旦察覺到手指擺動，就將視線從擺動的手指移到同伴的另一隻手上。
4. 接著再將視線移回他的額頭上。持續練習 60 到 90 秒。很重要的一點是，你的同伴需要不斷地換手，並且讓你無法預測手指下次在哪裡出現。所以練習時必須一直保持專注。

記憶力訓練

另一項活化額葉的有趣方法，是在日常生活中或在訓練中做算數或特定的記憶力訓練，並在同時做一些簡單的活動，例如散步、慢跑、爬樓梯、洗碗或洗澡。分配注意力和動作可以活化額葉，也會活化島葉的前端和後端，並改善內感受能力、整體身心健康和表現。

〉倒數計算

做一項日常活動，並且從 100 開始，以 7 為單位倒數計算。例如：數出 100、93、86……盡你所能地數下去 一開始可以在走路時做這項練習，之後再進階到在更複雜的活動時練習。

〉朗讀月分

做你所選擇的日常活動，並開始在心裡從一月到默唸十二月，每隔一個月分要大聲唸出。例如：說出「一月」，心裡想著「二月」，說出「三月」，心裡想著「四月」……。盡你所能地進行下去。這項練習類似於反向掃視訓練，你要抑制住想要逐一說出每個月分的衝動。因此，做這項練習也會直接活化額葉這個重要區域。

訓練大腦的應用程式和遊戲

上述的練習可以訓練並活化額葉，此外還有專門為此開發的應用程式和遊戲，讓你用有趣的方式做訓練。只需下載到手機、個人電腦或平板電腦上，就可以隨時隨地使用，你也能善用任何瑣碎的時間，例如通勤時做練習。每款遊戲的架構和設計都不一樣，因此以下內容為大致敘述。請參照各個供應商的遊戲說明，以獲得更多資訊。我們推薦使用下列的應用程式：

- 叫色測驗（Stroop test）：你必須抑制自己看見單詞時產生的第一個衝動，也就是不要對單詞含義有立即反應，而是對單詞出現的顏色做出反應。因此你會看到一個寫著「紅色」的詞，但是它是用綠色寫的。你現在必須對綠色的字體做出反應，而不是對單詞本身（紅色）的含義做出反應。

- Dual N-back：你會在遊戲中得到一連串不同的刺激，同時由兩個刺激組成，例如聽覺和視覺刺激。你要做的是指出當前的刺激是否與指定回數的先前刺激相同。

- 通過／不通過（Go/No-go games）：遊戲會給你指令，你需要對特定符號或刺激做出反應，通常是透過按下按鍵來完成，對其他符號或刺激則不需做反應。此遊戲的重點在於盡你所能地快速行動，無論反應正不正確。

活化額葉練習評量表			
練習	良好	中等／偏良好	有待評估
掃視訓練 （水平跳視）			
搭配字卡的掃視訓練			
反向掃視訓練			
記憶力訓練			
倒數計算			
朗讀月分			
訓練大腦的應用程式和遊戲			
叫色測驗			
Dual N-back			
通過／不通過			

活化額葉的訓練指南

額葉訓練可用於四個方面：

1. 你可以把這個重要基礎視為單獨的訓練項目，每天訓練 20 到 30 分鐘，連續做 3 到 6 週。單獨訓練額葉區域特別適合很難對刺激做出充分反應以及很難抑制衝動的人，包括飲食失調、成癮傾向、不適當的情緒反應（例如憤怒和恐懼反應）、抑鬱、不適當的大笑或淚流滿面。

2. 將活化額葉訓練做為接下來其他訓練的基礎，不論是做為其中的訓練項目，或是當作準備。

3. 把練習當作一種「熱身」，納入接下來的內在體感訓練。選擇 1 到 2 項效果特別良好的活化額葉練習，安排在做訓練之前，根據練習強度做 2 到 5 分鐘。

4. 你也可以透過前述的遊戲和應用程式來改善額葉的功能，把訓練當作休閒娛樂

或每天休息時間的遊戲，每天至少練習 10 分鐘。也可以把練習時間分成 4 到 5 次，每次 2 到 3 分鐘。

活化額葉的訓練指南		
用途	訓練方法	效果

做為主要訓練項目	• 多項有良好或中等／偏良好效果的練習
	• 每天 20 到 30 分鐘
	• 分成 2 到 3 個小單元分批練習
	• 為期 3 到 6 週
		• 改善抑制衝動並改變行為的能力
		• 活化島葉前端；反向掃視訓練和叫色測驗特別有效
		• 可以改善：
		  ■ 情緒調節
		  ■ 恐懼感
		  ■ 抑鬱情緒
		  ■ 衝動控制
		  ■ 壓力症狀

做為內在體感訓練的其中項目	• 1 到 2 項效果良好的練習 • 每天 3 到 5 分鐘	掃視訓練和記憶力訓練能額外活化島葉後端，可以改善： • 修復與再生 • 壓力症狀 • 慢性疼痛 • 內在體感能力 • 整體身心健康和表現
做為其他訓練項目的準備練習	• 1 到 2 個效果良好的練習 • 2 到 5 分鐘 • 在做其他訓練項目之前練習	改善整體訓練成效
做為休閒娛樂	• 每次玩 2 到 3 分鐘的遊戲或應用程式 • 每天分成 4 到 5 次練習	改善衝動抑制

平衡系統訓練

　　平衡仰仗內耳、眼睛、肌肉、關節、內在體感訊息和大腦之間的聯繫，機制複雜且精細。唯有在多方充分配合下，方可執行人體許多重要功能，例如平衡系統會檢測我們所在的位置，並「告知」大腦目前的位置，哪裡是上，哪裡是下，並在身體移動的情境裡下達維持肢體平衡的指令。平衡系統不斷測量著我們頭部與身體的移動速度、身體的位置變化等等，然後將這些訊息傳至特定負責的大腦區域。大腦獲得了這些訊息，方可下達指令以穩定身體的動作，依照身體移動速度來調整身體姿勢，全面維持身體的平衡。除此之外，平衡系統也是其他動作控制系統的重要支柱。例如平衡系統能夠協助視覺系統，運用視覺訊息來協調全身的動作，學習新動作，並調節體內的自主功能。

　　平衡系統還有一項超級任務，就是協助我們對抗地心引力「站起來」。站立並不如我們想像中那麼簡單。首先，島葉以及自律神經系統的運作必須掌握與抵抗地心引力的訊息，而且站立需要身體裡許多配套措施一起動起來，例如在站立起身之前，身體必須調整血壓、調整呼吸、改變肌肉的動作，以及內臟器官的配合等等。在上述這些過程中皆可發現島葉參與的蹤跡。解剖學研究顯示，島葉與人體的平衡系統確實息息相關。「前庭整合皮質」位於島葉後端。整合皮質又被簡稱為「皮質」或「皮層區」，負責統整特殊訊息，並和感官訊息進行比較。也就是說，島葉後端負責將從平衡器官（前庭器官）裡得到的訊息、體感訊息，以及環境訊息彙整在一起進行比較。

　　除此之外，島葉後端也負責調節疼痛感，處理身體功能，並維繫器官運作。島葉並非唯一專責處理平衡訊息的腦區。平衡訊息還會傳到島葉中端；島葉中端除了負責掌管人體的荷爾蒙系統之外，還負責統整內在體感訊息。平衡系統為什麼如此重要呢？因為它和我們的內在體感息息相關，有助於促進消化功能、紓壓、正確判斷疼痛等級、調節情緒及體內許多生化作用過程等等。平衡系統幾乎影響著所有的內在體感面向，也就是說，它也會影響自律神經系統的調節範圍大小。

平衡系統的結構

　　平衡器官位於左右內耳，負責測量速度的變化。從生理構造來看，內耳裡的平衡器官包括：三個半規管以及兩個前庭囊。三個半規管（分別是外半規管、上半規管以及後半規管）互成直角，負責測量身體在轉動時進行加速或減速運動時的速度變化，以調整頭部位置來維持身體的平衡。至於身體在直線方向的速度變化，則由前庭的球囊與橢圓囊負責；球囊負責偵側例如我們在跑「上」跑「下」時的垂直加速度，橢圓囊偵側我們在前進、後退及左右移動時的水平加速度。

　　平衡系統不僅止於上述這些平衡器官，還包括所有跟接收、傳遞及處理平衡訊息的器官或系統。平衡系統和所有的人體系統都有關聯，更是神經系統的重要基礎之一。接下來，本章要教導大家單一平衡器官的基本練習，接著教大家做強化島葉後側功能的組合式練習，以提高平衡系統功能。只要動作與訓練到位，一段時間後即可改善平衡系統的訊息接收與處理能力，並替內在體感訓練奠定基礎。

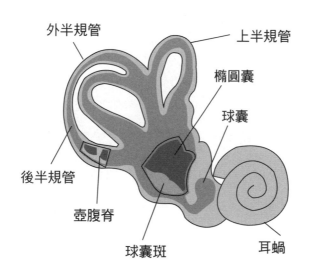

位於內耳的平衡器官包括 3 個半規管、球囊及橢圓囊。半規管負責偵測轉動時的速度變化；球囊及橢圓囊則負責偵測人體在水平移動時的速度。

平衡訓練的七大基礎練習

我們為大家選出「搖頭」、「點頭」及「側轉低頭」三大基本動作,當作平衡訓練的開場練習。它們既簡單,又能廣泛地活化平衡系統。透過簡單又特別的頭部動作,能夠活化內耳裡的平衡器官(請見上頁圖)。這些練習的困難度會逐步提高,因此動作有基本款,也有難度較高的進階版。

〉搖頭運動

輔助工具:兩個視覺目標

入門平衡訓練最簡單的練習就是「搖頭運動」。如果觀察前庭器官的位置和方向,便能了解到透過簡單的向左向右旋轉動作,就能訓練左右耳內前庭系統的水平半規管。因此,搖頭運動是活化前庭系統水平半規管的理想選擇。練習時,請微縮下巴,頭部不向後仰或是向肩膀傾斜,而應該一直與地面保持平行,以獲得最佳效果。

1. 採站姿,雙腳與髖部同寬,脊椎放鬆打直,呼吸保持平穩順暢。從這個起始位置開始,在你視線水平的左右兩側各選一個點。也可以將手臂伸直做為練習的定位點。首先將頭部和視線同時向右轉。

2. 以輕快有節奏的方式加速搖頭動作，持續 30 到 120 秒。請先選擇不會讓你感到不適且可以輕易控制的節奏和速度，並逐漸加速。目標在於保持連續的節奏，且以左右來回搖頭 1 秒內的速度為佳。

〉變化式 1：閉眼搖頭運動

如果能熟練地掌握搖頭運動的基本式，便可以試著閉上雙眼練習。消除視覺定位意味著你的大腦更加依賴清楚精確的平衡訊息。你的專注力會因此增加，連帶提升練習的效率。

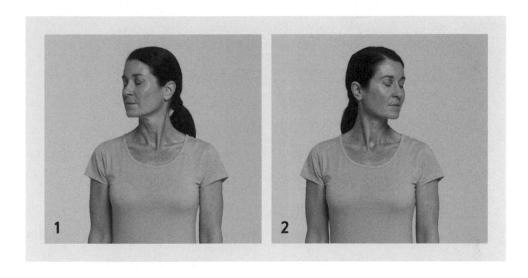

1. 採站姿，雙腳與髖部同寬，脊椎放鬆打直，呼吸保持平穩順暢。閉上雙眼，頭部向右轉。
2. 以輕快有節奏的方式加速你的搖頭動作，持續 30 到 120 秒。很重要的一點是，請先選擇不會讓你感到不適且可以輕易控制的節奏和速度。目標在於保持連續的節奏，且以左右來回搖頭 1 秒內的速度為佳。

〉變化式 2：有清楚視覺目標的搖頭運動

輔助工具：視覺目標

　　在這項進階版本的搖頭運動中，眼睛要持續凝視視覺目標物，同時做搖頭運動。如前所述，頭部在加速運動時，保持視覺穩定是平衡訓練中極為重要的一點。請試著在練習中盡可能保持一直看到清晰穩定的圖像。

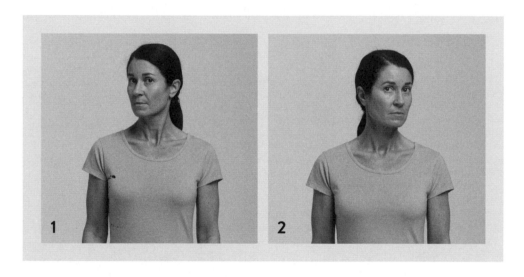

1. 採站姿，雙腳與髖部同寬，脊椎放鬆打直，呼吸保持平穩順暢。視覺目標物位於你眼前約一公尺至一公尺半的地方，看著它。雙眼凝視目標物時，頭向右轉。
2. 以輕快有節奏的方式加速你的搖頭動作，同時將視線對準目標物，持續 30 到 120 秒。很重要的一點是，請先選擇不會讓你感到不適且可以輕易控制的節奏和速度。目標在於保持連續的節奏，且以左右來回 1 秒內的速度為佳。

提醒：選擇大小合適的視覺目標物，以便練習時能一直看到清楚的圖像。

〉點頭運動

輔助工具：兩個視覺目標

　　平衡訓練下一步要做的是點頭運動，以簡單的方法活化前庭系統的前半規管和後半規管。因為前庭系統半規管的方向和位置，頭部向前或向後加速時會刺激前半規管和後半規管。這項頭部運動比搖頭運動更具有挑戰性。

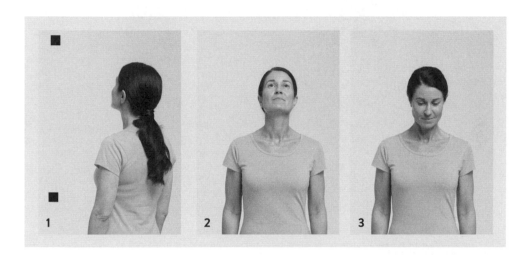

1. 採站姿，雙腳與髖部同寬，脊椎放鬆打直，呼吸保持平穩順暢。選擇兩個位於眼前的目標物，一個在上方高於眼睛，另一個在下方低於眼睛，位置盡量上下對齊。
2. 先抬起頭，看著上方的目標物。
3. 以輕快有節奏的方式加速點頭動作，來回看上下方的視覺目標物，持續 30 到 120 秒。很重要的一點是，請先選擇不會讓你感到不適且可以輕易控制的節奏和速度。目標在於保持連續的節奏，並以上下來回點頭 1 秒內的速度為佳。

提醒：請確保你的頭部在移動中一直保持筆直，不會略微旋轉或傾斜。為了保持正確的頭部姿勢，你可以找位訓練同伴，請他觀察你的動作並給予指正，直到你能掌握保持正確姿勢的感覺。

〉變化式 1：閉眼點頭運動

　　如果你能熟練地掌握點頭運動的基本式，便可以試著閉上雙眼練習。消除視覺定位意味著你的大腦更加依賴清楚精確的平衡訊息，進而提升專注力和練習效率。

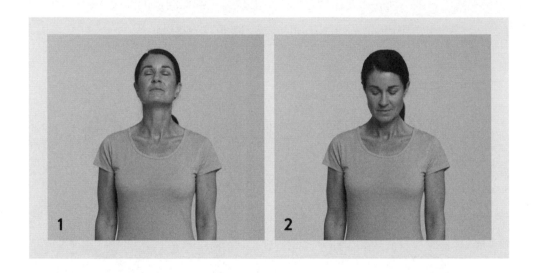

1. 採站姿，雙腳與髖部同寬，脊椎放鬆打直，呼吸保持平穩順暢。閉上雙眼，先抬起頭。
2. 以輕快有節奏的方式加速點頭動作，持續 30 到 120 秒。很重要的一點是，請先選擇不會讓你感到不適且可以輕易控制的節奏和速度。目標在於保持連續的節奏，且以上下來回點頭 1 秒內的速度為佳。

〉變化式 2：有清楚視覺目標的點頭運動

輔助工具：視覺目標

　　請你按照變化式 1 的步驟做點頭運動，但是這次在眼前加上清楚的視覺目標物，在練習中凝視著它。當頭部加速運動時，保持視覺穩定是平衡訓練中相當重要的一點。試著盡可能保持一直看到清楚穩定的圖像。

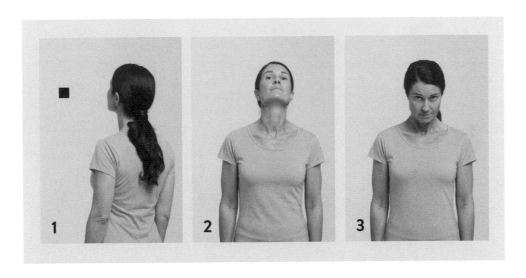

1. 採站姿，雙腳與髖部同寬，脊椎放鬆打直，呼吸保持平穩順暢。視覺目標物位於眼前約一公尺至一公尺半的地方，看著它。
2. 先抬起頭，同時保持眼睛對準目標物。
3. 以輕快有節奏的方式加速點頭動作，同時讓視線一直停留在目標物上，持續 30 到 120 秒。很重要的一點是，請先選擇不會讓你感到不適且可以輕易控制的節奏和速度。目標在於保持連續的節奏，且以上下來回點頭 1 秒內的速度為佳。

提醒：選擇大小合適的視覺目標物，以便練習時能一直看到清晰的圖像。

〉側轉低頭

　　除了搖頭和點頭運動之外，還有一項簡單有效的練習可以刺激重要的前半規管和後半規管，以及耳石的各個部分。我們可以向左向右低頭以刺激前庭系統。側轉低頭比先前的練習要困難一些，因為這項動作需要更多的協調，以及前庭系統各個部分有效率地互相配合。因此在做這項練習前，應先做搖頭和點頭運動熱身。

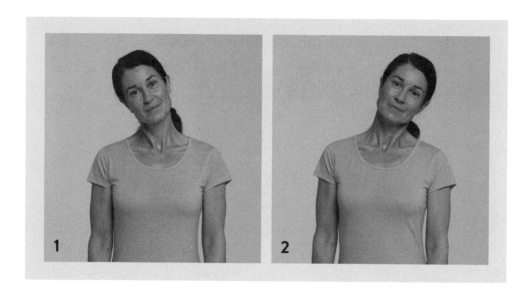

1. 採站姿，雙腳與髖部同寬，脊椎放鬆打直，呼吸保持平穩順暢。下巴稍微內縮，讓鼻子放鬆地朝下 2 到 3 公分。然後將頭向右傾斜。
2. 以輕快的方式從右向左來回低頭，持續 30 到 60 秒。

提醒：請根據個人舒適度調整頭部傾斜的幅度，然後逐漸增加傾斜幅度和速度。

基礎練習的變化

你可以用減少站立面積來提高練習的難度。如果你對平衡訓練的基礎練習已經很熟練，就可以利用你在平衡評估中所學到的「雙腳平行併攏站立」或「雙腳前後站立」來做這些基礎練習。或者可以在向前或向後步行時做練習。

這些進階變化式可以讓你的訓練更加活潑多變。你的大腦必須不斷適應難度提升的變化，所以能額外訓練前庭系統並提升訓練效果，讓大腦保持活躍和健康。

取消前庭眼反射（VOR-C）

前庭系統必須控制的下一項能力是同時同步加速和協調眼睛和頭部。為了確保前庭系統、頭部、頸部和眼球運動之間的最佳協調，你的中樞神經系統必須能夠抑制和取消前庭眼反射。練習名稱的組成如下：VOR 代表「前庭眼反射」（vestibulo-ocular reflex），C 則代表「取消」（cancellation）。因此 VOR-C 是取消前庭眼反射。請先從簡單的熱身練習開始，以幫助你之後快速掌握更複雜的「典型 VOR-C」練習。

〉VOR-C 全身旋轉

前庭系統、眼球運動、頭部運動、頸部運動和頸椎運動對 VOR-C 來說是必備的要素。為了學會以上這些系統和運動的複雜協調性，可以先練習 VOR-C 全身旋轉「陀螺式」。目標是當你身體立定旋轉或坐在轉椅上旋轉時，能保持清晰的視覺圖像，無需頸部和頸椎的額外協調。下一步會將頸部和頸椎的動作整合到典型的 VOR-C 練習中。

1. 採站姿，雙腳與髖部同寬，脊椎放鬆打直，呼吸保持平穩順暢，身體放鬆。下巴微縮，讓鼻子朝下 2 到 3 公分，手臂舉至視線高度。兩手手指緊扣，拇指朝上，手肘伸直。放鬆地注視拇指指甲。
2. a-e 開始以身體為軸心向右順時針旋轉 2 到 5 次。在旋轉時請確保自己可以清楚穩定地看到拇指指甲，頭部不轉動，手臂保持在視線高度。然後換邊向左逆時針旋轉。試著逐漸聚焦在較小的目標，從拇指指甲切換到拇指上較小的皮膚褶皺或使用視覺棒（第 84/85 頁）。

提醒：練習起初可能會引起頭暈，所以請緩慢地調整旋轉速度。不要太勉強自己！也可以採取步伐更大的站姿，或在轉椅上做練習。如果你覺得這項練習很困難，請先從轉半圈或四分之一圈開始。

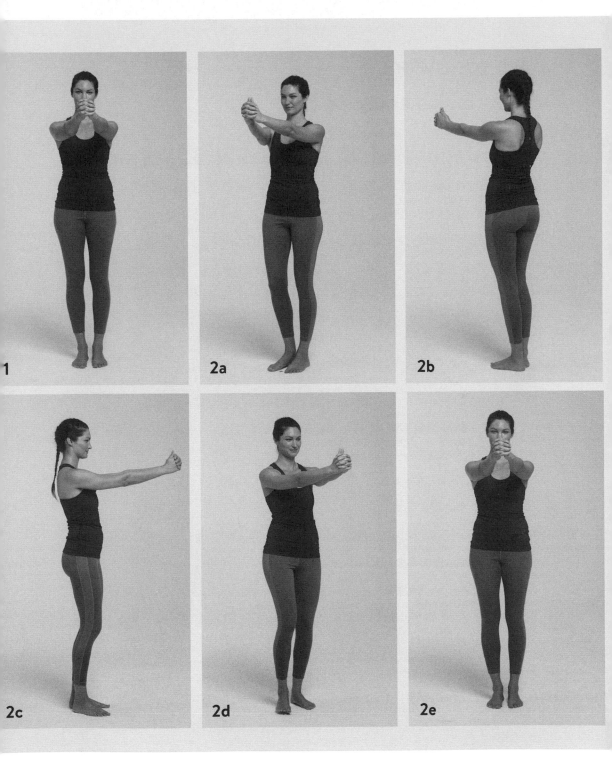

〉典型全方位 VOR-C

輔助工具：視覺棒或其他視覺目標

當你學會了以自己的身體為軸心旋轉，眼睛視線都能獲得穩定的圖像之後，下一步就是整合頸椎和頭部的動作，並且練習所有重要的運動方向，以活化左右耳不同的半規管。你可以再次閱讀第 73 頁關於平衡系統結構和位置的段落。練習的順序是：先向右移動，再向左移動，以便盡可能流暢地完成所有方向。

1. 採站姿，雙腳與髖部同寬，脊椎放鬆打直，呼吸保持平穩順暢。用右手拿視覺棒或其他視覺目標物，將右手臂伸直舉至視線高度，位於臉部中央。選擇視覺棒上的一個字母並凝視它。

2. 手拿視覺棒，跟頭部和眼睛一起同步向右快速轉動，然後慢慢地回到中間位置，重複這動作 4 到 6 次。此步驟用於刺激右耳水平半規管。

3. 然後右臂、頭部和視線同步轉向右上方，然後慢慢回到中間，重複 4 到 6 次，來刺激右耳後半規管。

4. 換成轉向右下方，重複 4 到 6 次，來刺激左耳前半規管。

5. 接著換左手拿視覺棒做練習。

6. 現在將左臂、頭部和視線同步向左快速轉動，然後慢慢地回到中間，重複 4 到 6 次，來刺激左耳水平半規管。

7. 左臂、頭部和視線同步轉向左上方，重複 4 到 6 次，來刺激左耳後半規管。

8. 最後將你的左臂、頭部和視線同步向左下方移動，重複 4 到 6 次，來刺激右耳前半規管。

提醒：眼睛必須從頭到尾都對齊視覺棒或視覺目標物。手的移動速度通常會比頭部快得多，導致眼睛和手不再對齊。因此先在仍可以將頭部對準目標物的情況下，盡可能快速移動手臂。你的眼睛必須一直筆直看向前方，鼻子與目標物對齊。你的活動範圍和速度會逐漸提高。

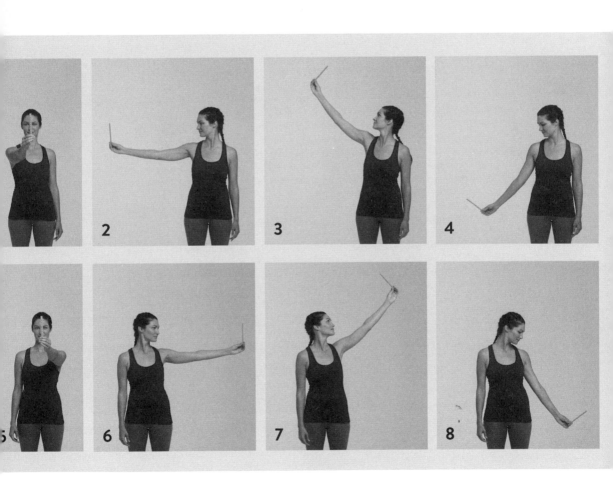

搭配健身球的進階平衡練習

　　大型健身球（也稱抗力球）最初用於復健和訓練前庭系統，現在你可以用這些練習發揮這項高效訓練器材的最初用途。健身球有多種練習方法，可以同時訓練和整合前庭系統的許多部位，這將強烈刺激前庭系統中影響身體自主性運作功能的調節和內部器官功能性的調節。如果你的平衡感欠佳，甚至在平衡訓練時有困難，也很適合用健身球來做練習。健身球可以增添訓練的趣味性，占用的空間也不大。健身球的功能多元，甚至可以在工作時使用。

　　在開始練習前，請根據你的身高，從下表中找到尺寸合適的健身球：

身高（公分）	直徑尺寸（公分）
至 140	45
141—154	55
155—175	65
176—185	75
186—200	85
201—215	95

〉骨盆上下搖擺

輔助工具：健身球

　　訓練前庭系統的重要區域並刺激島葉的基礎練習是加速身體的上下運動。垂直加速度的訊息會由耳石器官的球狀囊接收，並傳遞給大腦。大腦再根據加速度訊息促使脊椎、頭部和頸部位置做必要的調整，並且穩定視線和調整自主功能。如此一來，大腦可以針對給定的情況調節出最佳姿勢和身體功能。此外，在不穩定平面上晃動，軀幹肌肉和脊椎自然會產生進一步的穩定要求。這意味著還可以刺激大腦的另一個重要區域「小腦中端」，使前庭系統工作效果更好，效率更高。

1. 坐在健身球中央。脊椎放鬆打直，身體盡可能放鬆，呼吸保持平穩順暢。將腳跨開至你感到身體穩定的距離。臉部、眼睛和脖子放鬆。
2. 開始在球上輕鬆地上下搖擺 30 到 60 秒。確保你對動作感到安全舒適。如有必要，可調整搖擺速度和衝擊力。

〉變化式 1：閉眼骨盆上下搖擺

輔助工具：健身球

如果你已經練習過骨盆上下搖擺，現在可以試著閉上雙眼做這項練習。正如我們在點頭和搖頭運動中所提到的：閉上眼睛後，你的大腦會更加依賴平衡訊息，專注力和練習效率都會提高。

提醒：開始練習前，請確保你周圍有足夠的空間，以便在閉上眼睛的時候安全地練習。

1. 坐在健身球中央。脊椎放鬆打直，身體盡可能放鬆，呼吸保持平穩順暢。將腳跨開至你感到身體穩定的距離。閉上雙眼。
2. 開始在球上輕鬆地上下搖擺 30 到 60 秒。確保你對動作感到安全舒適。如有必要，可調整搖擺速度和衝擊力。

〉變化式2：搭配清楚視覺目標的骨盆上下搖擺

輔助工具：牆上的視覺目標、健身球

這項練習與先前的練習相似，只是你在這項變化式中要凝視著視覺目標物。如同先前所說，身體在加速的時候，穩定視線是平衡訓練中相當重要的一點。所以請在練習中試著讓眼睛能一直看到清晰穩定的圖像。

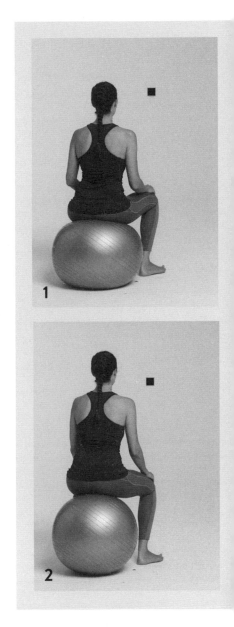

1. 坐在健身球中央。脊椎放鬆打直，身體盡可能放鬆，呼吸保持平穩順暢。看向大約在你視線高度的視覺目標物。很重要的一點是，你能清楚明確地看見目標物。將腳跨開至你覺得適當且感到安全的距離。

2. 開始上下搖擺，持續 30 到 60 秒。請確保你在練習中能清楚明確地看見視覺目標物，並且保持脊椎挺直不彎曲。如有必要，可調整搖擺速度和衝擊力。

提醒：還可以嘗試不同的衝擊方向，增添練習的變化，例如：更快地向上運動並控制向下的衝擊力，或更快地向下運動並控制向上的衝擊力。

〉變化式 3：改變身體和頭部位置的骨盆上下搖擺

輔助工具：健身球

改變健身球上的基本位置（例如：旋轉頭部、身體，或兩者同時旋轉、傾斜，或者向前或向後傾），可以為前庭系統創造全新的條件。這些更複雜的平衡練習很重要，可以更強烈地刺激島葉，並進一步影響內在體感訊息的處理。

以下為頭部和身體位置的變化式：

1. 身體向右傾。

2. 身體向左傾。

3. 身體向後伸展。

4. 身體向前彎曲。

5. 頭部向右轉。

6. 頭部向左轉。

你可以隨心所欲地搭配組合這些變化式，例如：將身體向右傾斜，同時頭部向左轉。如果你想讓訓練格外具有挑戰性，也可以一項接著一項，完成每項變化式。

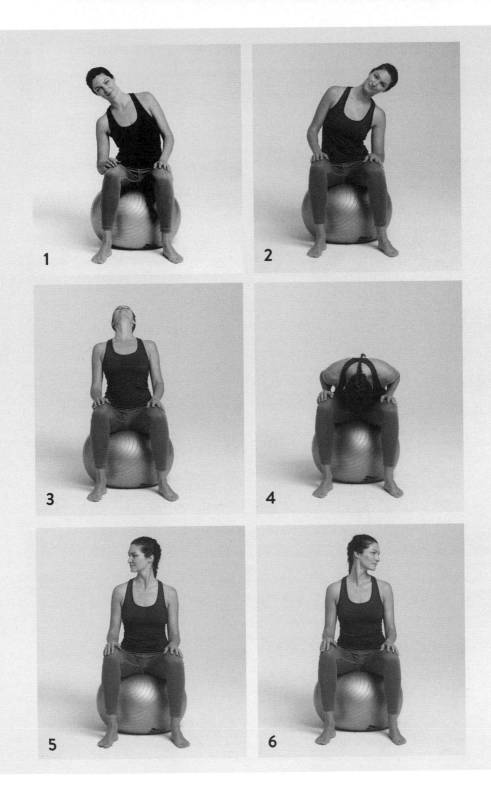

平衡訓練的練習評量表			
練習	良好	中等／偏良好	有待評估
平衡訓練的 7 項基礎練習			
搖頭運動			
變化式 1：閉眼搖頭運動			
變化式 2：搭配清楚視覺目標的搖頭運動			
點頭運動			
變化式 1：閉眼點頭運動			
變化式 2：搭配清楚視覺目標的點頭運動			
側轉低頭			
取消前庭眼反射（VOR-C）			
VOR-C 全身旋轉			
典型全方位 VOR-C			

平衡訓練的練習評量表			
練習	良好	中等／偏良好	有待評估
搭配健身球的進階平衡練習			
骨盆上下搖擺			
變化式 1：閉眼骨盆上下搖擺			
變化式 2：搭配清楚視覺目標的骨盆上下搖擺			

改變身體和頭部位置的骨盆上下搖擺			
身體向右傾			
身體向左傾			
身體向後伸展			
身體向前彎曲			
頭部向右轉			
頭部向左轉			

平衡訓練指南

平衡訓練類似額葉訓練，可以為身體和中樞神經運作建立重要基礎。此外，平衡是島葉的最大訊息來源，因此平衡訓練是用來改善內在體感的重要手段。

做為主要訓練項目

平衡訓練可以在一開始單獨訓練，每天練習 15 到 20 分鐘，為期三到六週，以打好前庭系統的基礎，並且提升島葉的活動性和功能性。訓練並建構前庭系統會強烈刺激島葉的後端和中端，幫助你更持久有效地整合內感受的其他部分，進而打造更好的基礎條件。

基本上，你可以隨意安排平衡練習的順序，但我們還是建議你先建立前庭系統的基本結構。下列三項基礎練習：搖頭運動、點頭運動、側轉低頭是理想的選擇。你可以調整練習強度，以便獲得良好成效。剛開始，這些簡單的基本動作即可充分且全面刺激你的前庭系統。每天訓練至少 15 到 20 分鐘，分成兩到三個小單元練習最佳。

如果你本身的平衡感較佳，或者平衡訓練對你來說並不困難，你可以隨意組合本章的所有練習。平衡訓練的主要目標是使身體和大腦都可以輕鬆地控制複雜動作。由於前庭系統的所有部分均提供重要訊息，因此你應該試著不斷刺激前庭系統各個部分，並將各個方面的練習都納入訓練中。你可以將練習分成幾個小單

元，專注於某方面為期兩天，接下來兩天專注於另一方面，依此類推。你還可以選擇一到兩項舌頭練習（從第 181 頁開始）和一到兩項的呼吸困難練習（從第 150 頁開始）來為前庭系統做準備，你稍後將認識這些練習。花 1 到 2 分鐘做這些準備練習，總共一到兩回即可。

做為內在體感訓練的一部分

平衡訓練也可以做為內在體感訓練的基礎。每天分批做 3 到 4 次那些效果特別良好的練習，每次 1 到 2 分鐘，以達到 20 到 30 分鐘的總訓練時間。

做為準備訓練

由於前庭系統支持所有重要的運動控制系統和中樞神經系統的功能性，並強烈刺激島葉後端，因此可以將平衡訓練做為內在體感訓練的準備。請選擇一到兩項有特別良好成效的平衡練習，做 30 到 90 秒，然後再開始做內在體感其他方面的訓練，例如呼吸訓練。

平衡訓練指南		
用途	訓練方法	效果
做為主要訓練項目	• 多項有良好或中等／偏良好效果的練習 • 從基礎練習開始 • 每天 15 到 20 分鐘 • 分成 2 到 3 個小單元分批練習 • 為期 3 到 6 週	• 活化島葉的後端和中端 • 可以改善： 　■ 慢性疼痛 　■ 內感受能力 　■ 整體身心健康和表現 　■ 消化不良 　■ 情緒調節
做為內在體感訓練的其中項目	• 多項有良好效果的練習 • 每次 1 到 2 分鐘 • 每天 3 到 4 次	

做為其他訓練項目的準備練習	• 1 到 2 個有良好效果的練習	• 改善訊息整合能力，提升整體訓練成效
	• 每次 30 到 90 秒	
	• 在做其他訓練項目之前練習	

利用嗅覺和味覺改善整合能力

如第一章所述，感覺訊息從島葉的後端經過中端，再到前端。也就是說，這個重要區域的刺激模式是由後往前。後端記錄並調整感覺訊息；中端整合訊息；前端添加認知、社交和情感成分。島葉中端的任務是整合所有感覺訊息，這表明其中存在特殊的核心（神經元的中心），它們負責氣味和味道以及其強度的感知。這代表我們可以有意識地感知氣味和味道，來刺激這個重要的整合區域。因此，對氣味和味道的感知也很適合用來做為內在體感各方面訓練的準備。掌握好這些背景知識，你可以立即開始做嗅覺和味覺訓練了。一方面訓練這兩個感官，另一方面刺激島葉中端，並改善感覺訊息的整合，進而提升訓練的整體效果。

透過感覺刺激減重

食慾和進食行為取決於大量的感覺訊息。大腦經常使用「進食」策略來彌補重要感覺訊息的不足。尤其是手中和口中食物的氣味、味道和感覺對大腦是重要的刺激。如果你的日常生活中缺少這種刺激，那麼只要獲得足夠的刺激（無論實際的飢餓感如何），你就會對進食有「滿足感」或滿意感。

如果你的目標是減重，那麼除了「刺激舌頭感覺」之外，還應該在每次用餐前做快速的嗅覺和味覺訓練。這會提供大腦充足的感覺刺激，又不會消耗太多熱量。食慾和進食行為會回復正常。

氣味的重要性

多數人不太重視嗅覺，其實我們可以透過氣味做出許多極為重要的決定。例如用來分辨聞到的氣味是否有危險，還是芳香宜人且熟悉。此外，在選擇另一半時，嗅覺會影響我們判斷對誰有好感，和誰相處愉快。我們的嗅覺與味覺、飲食行為、記憶和情感密切相關。氣味訊息由嗅蕾接收，並直接從嗅神經（第 1 對腦神經）傳輸到大腦，再由島葉中端處理和整合，尤其是氣味強度的分類在此扮演重要的角色。

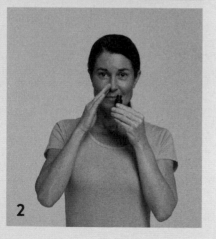

〉嗅覺訓練：辨別和分類氣味

輔助工具：不同氣味的純香精油

剛開始嗅覺訓練時，請先選擇多種氣味並使用能清楚分辨的氣味。泥土味、花香味、木質味、甜味和苦味先各選擇一種。如果你已經能輕易分辨氣味的不同種類，可以試著更精確地區分它們。例如區分不同的柑橘類水果或針葉樹，像是松樹、冷杉和杜松。大腦喜歡新的刺激！請保持開放的心胸，發揮你的創意做各種嘗試，訓練會更加輕鬆有趣。

挑選你在一開始就能輕易分辨的不同氣味，例如檸檬、松樹和薄荷。

1. 準備幾瓶氣味種類不同的純淨精油。採站姿或坐姿皆可，脊椎放鬆打直，呼吸保持平穩順暢，閉上雙眼。用左手食指壓住左鼻孔，將氣味引導至右鼻孔。輕輕吸氣，讓氣味進入右鼻孔。你對這

個氣味的感知有多強烈？能辨認出這個氣味嗎？這個氣味是否能喚起你的記憶或情感？4 到 5 秒鐘後，將精油瓶移開。重複練習 2 到 4 次。

2. 用右手食指壓住右鼻孔，換左鼻孔練習。鼻子哪一邊可以更快、更強烈、更清楚地感知氣味？接著挑選另一種氣味做相同的練習，先是右鼻孔，再換左鼻孔。在每天的氣味訓練中，最多可以使用三種不同的氣味。有你不容易聞到的氣味嗎？還是有某些你無法辨別的氣味？將這些氣味納入你的嗅覺訓練中。

愉快做訓練

不使用你討厭的氣味，請從你喜歡，或至少不討厭的氣味開始！

味覺的意義

島葉除了處理嗅覺訊息之外，也積極參與味覺訊息的處理及整合任務。味覺訊息會被傳送至島葉中端。前面章節曾經提過：所有來自感覺器官的訊息都會傳送至島葉中端的某個特殊區塊，然後進行處理與整合。為了強化訊息的處理及整合，並盡量降低錯誤的判斷，讀者們不妨考慮特別納入味覺訓練。

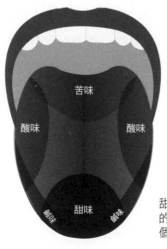

苦味

酸味　　　酸味

鹹味　甜味　鹹味

甜味、鹹味、苦味、酸味的接受器分布在舌頭上各個不同的區塊。

〉味覺訓練：辨別和分類味道

輔助工具：「甜」、「鹹」、「酸」、「苦」類別的水溶液和滴管

　　觀察對甜、酸、苦和鹹不同味道種類的受體分布，會發現在舌頭的某些區域有各自特定的受體。藉此你可以非常有針對性且重點式地調整味覺訓練。與嗅覺訓練一樣，味覺訓練中也需要檢查舌頭左右兩側對味道的感知，以及區分味道的能力是否不同。

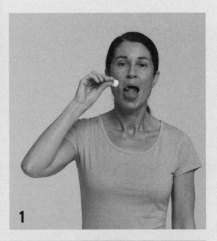

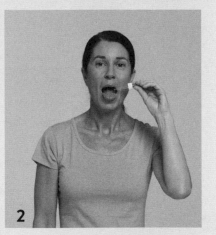

1. 從「甜」、「酸」、「苦」、「鹹」四種類別的水溶液中挑選一種味道。採站姿或坐姿皆可，脊椎放鬆打直。臉部、下巴和舌頭放鬆，呼吸保持平穩順暢。現在將水溶液滴到舌頭的右半部，然後察覺味道。不必準確滴到特定味蕾的區域，只需將溶液滴在某一側的舌頭上，然後讓它沿舌頭流動就可以了。你選擇的味道嘗起來有多明顯多濃烈？

2. 然後在舌頭左側滴上同樣的味道，察覺味道，並將左邊的味道的鮮明度和濃度與右邊做比較。接著換到下一個類別的味道，按照同樣的步驟做味覺訓練。先測試舌頭右半部的感知能力，再換舌頭左半部。你可以接連測試舌頭的不同區域，同時查出哪一側、哪一個位置和哪些味蕾需要更多的訓練。

提醒：也可以使用各種易於分辨的食物，像是不同口味的糖果，或其他可以放在舌頭上移動的食物。測試你辨認和分類味道種類的能力，以及感知味道濃度的能力。先測試右側，再換左側。給自己機會發現感覺缺失並做訓練。

嗅覺和味覺練習評量表			
練習	良好	中等／偏良好	有待評估
辨別和分類氣味			
辨別和分類味道			

嗅覺和味覺訓練指南

你可以將嗅覺和味覺訓練做為內在體感訓練的一部分，好在總體上改善內感受能力。由於島葉中端還與杏仁核（即「情緒記憶」）相互交流，因此對這兩個感官的訓練會非常有益於你的情緒調節，也有助於改善消化不良和飲食行為問題。你只需要將味覺訓練融入日常生活，每次花 2 到 3 分鐘，每天練習 3 到 5 次，無需做太多準備，也不花太多時間。

嗅覺和味覺訓練可以刺激島葉中端，進而改善島葉的總體整合能力，因此將這項訓練做為其他訓練的準備練習是最有效的方法。在做主要訓練項目之前，刺激你的嗅覺和味覺 1 到 2 分鐘。

另一項非常簡單的方法是將訓練融入日常生活。每餐都花一分鐘時間去注意食物聞起來的氣味和嚐起來的味道，不費吹灰之力就可以提升自己的感知能力。

嗅覺和味覺訓練指南		
用途	訓練方法	效果
做為內在體感訓練的一部分	• 1 到 2 項有良好效果的練習 • 每天 3 到 5 次 • 每次 2 到 3 分鐘的練習融入日常生活中	• 活化島葉中端 • 好處： 　■ 改善消化不良 　■ 有助於情緒調節 　■ 適當的飲食習慣和食慾正常化
做為其他訓練的準備練習	• 1 到 2 項有良好效果的練習 • 1 到 2 分鐘 • 在做其他訓練項目之前練習	• 活化島葉的中端 • 改善感覺訊息整合能力並提升整體訓練成效
融入日常活動	• 每餐花 1 分鐘去注意食物的氣味和味道	• 適當的飲食習慣 • 食慾正常化

讓迷走神經做好準備

　　大腦中記錄、傳送、處理和整合訊息的每個地方都可能會丟失訊息。本書中介紹的內在體感訓練大部分都是處理各種感覺系統及其受體，目標在於改善從外在環境和自己身體接收重要訊息的能力，以及刺激特定的大腦區域並改善其功能。除了這些神經元面向，力學面向也很值得關注。

　　我們在第一章提過，迷走神經既是副交感神經系統中最重要的神經，也是人體最長的神經。它穿過許多關節和不同的組織結構，經過橫隔膜，繞過內臟器官。總而言之，迷走神經的分布範圍相當廣泛。這樣的特殊性還意味著迷走神經很容易受限於其神經力學，在運作中可能很容易受夾或受壓，因此不能把完整訊息傳遞到受影響區域，從那裡接收並轉傳的訊息也會不夠完整。因此在開始訓練

之前，我們必須確保迷走神經在體內穿梭自如，以最佳狀況傳輸訊息。

　　接下來將為你示範如何鬆動並拉伸迷走神經，以改善神經組織的品質，並修復可能的沾黏、受壓甚至受夾情形。不應忽視的重要力學是頸椎的活動性，特別是上頸椎的移動性不足會很快對迷走神經產生不好的影響。

頸椎鬆動術

　　觀察迷走神經的走向，會發現它從顱骨的孔洞出來。該孔是顱骨下側的小開口，位於頸椎上方，這裡很容易阻塞，因此第一節上頸椎的活動性特別重要。此外，在橫膈膜運動和呼吸中很關鍵的膈神經由頸椎的第三節至第五節出來，因此應該保持頸椎的活動性和靈活性，以最佳狀況支持呼吸的神經力學。

　　鬆動頸椎對視覺系統和前庭系統也有許多良好影響。來自頸椎的改進訊息發送到前庭核，進而改善平衡反射和眼睛的控制。以下兩項鬆動術專用於改善頸椎的活動性和挺直度。

〉頸椎向後推

　　頸椎椎體向後推或挪動是一項很重要的練習，它可以影響迷走神經的功能，改善內在體感基礎條件。動作如果有外部「目標」會更容易學習，因此接下來要告訴你手指擺放的正確位置，讓你知道頸椎要往哪個地方推。

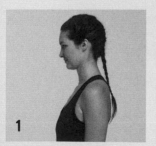   

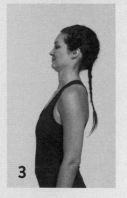

1.　站姿或坐姿皆可，脊椎放鬆打直，呼吸保持平穩順暢。

2.　微縮下巴，讓鼻子朝下3到4公分。

3.　將手指放在脖子後方頸椎的中央，指尖感覺到椎體微微突起之處。為了方便脊椎移動，可以先用指尖按摩頸椎幾秒鐘。

4.　將頭部和頸椎抵著手指直線向後推，以形成雙下巴。然後回到起始位置。保持放鬆，注意下巴一直保持微縮。連續做4到6次。也可以重複整個練習2到3遍。

〉頸椎輕微伸展

　　這項練習可以讓整個頸椎獲得更好的伸展，以減少迷走神經或膈神經在力學上的影響。此練習類似於上頸椎向後推，有益於你的視覺系統和前庭系統。

1.　站姿或坐姿皆可，脊椎放鬆打直，呼吸保持平穩順暢。

2.　微縮下巴，讓鼻子朝下3到4公分。

3.　向後方稍微拉伸頸椎。切記，要維持脊椎直立不彎曲，並且下巴微縮。確保你的頸椎均勻伸展，沒有「彎曲」。需要多嘗試幾次才能好好協調出這個動作。連續做4到6次，也可以重複整個練習2到3遍。

提醒：這項練習可以與上一個練習（頸椎向後推）結合在一起。在完成第一項練習後回到起始位置（從第二步驟開始），從那裡開始連貫到第二項練習。

頸椎鬆動術評量表			
練習	良好	中等／偏良好	有待評估
頸椎向後推			
頸椎輕微伸展			

頸椎鬆動術訓練指南

　　視你的需要，每天可以做 3 到 5 次頸椎鬆動術，達到 2 到 3 分鐘的總練習時間。基本上，你在訓練開始前就要做頸椎鬆動術，並將它納入放鬆練習，在一天結束後或久坐之後，或者在電腦前工作時，都可以做這項練習。你可以改變練習的活動範圍和移動速度，以調整練習強度，好讓你感到舒適並獲得良好的成效。你也可以花 1 到 3 分鐘的時間鬆動頸椎，用來做為呼吸訓練、平衡訓練和刺激迷走神經的準備。

頸椎鬆動術訓練指南		
用途	訓練方法	效果
做為快速的活化練習	• 多項有良好或中等／偏良好效果的練習 • 2 到 3 分鐘 • 每天 3 到 5 次 • 融入日常生活： 　■ 長時間使用電腦或久坐時 　■ 結束一整天活動後	• 改善迷走神經和肺神經叢的功能 • 改善前庭系統和視覺系統的條件
做為其他訓練的準備練習	• 1 到 2 項有良好效果的練習 • 1 到 3 分鐘 • 在做其他訓練項目之前練習	• 做為以下訓練的熱身： • 平衡訓練 • 呼吸訓練 • 迷走神經鬆動術

鬆動迷走神經

迷走神經鬆動術是在訓練前改善神經滑動性能的簡單方法。神經在周圍組織上的行動會變容易並且恢復活力，這可以降低神經組織可能受夾和滑動性能不足的情況，並促進訊息暢通無阻。迷走神經也是成對排列，分布在身體的左右半部。以下練習說明以右側為例：

〉迷走神經鬆動術

1. 採站姿，雙腳與髖部同寬，脊椎放鬆打直，呼吸保持平穩順暢。左手扶住椅背，以保持身體穩定。伸直右手的手指和手腕，讓手掌與地面平行。
2. 轉動肘部，並用肩關節向外旋轉手臂，使手指指向外側。
3. 現在將伸直的手臂高舉過頭。
4. 將手臂進一步向上和向外推，使肩胛骨抬起，並將手臂從肩關節外推出一點。
5. 將脊椎和微縮的頭部向左傾斜，直到感覺右側明顯拉緊為止。
6. 右肋骨深呼吸，讓肋骨向前、向外、向後三個方向擴展。做 4 到 6 次深呼吸。很重要的一點是，深呼吸至胸腔時要維持拉伸姿勢，並不斷感受到伸展的緊繃。為了獲得更好的伸展，可以連續重複拉伸 2 到 3 次。然後切換到另一側，重複整個流程。

提醒：如果深呼吸至肋骨對你來說有點困難，可以先練習第 131 頁的 3D 呼吸。

〉變化式 1：利用手臂運動伸展

在鬆動右側時，也可以運動右臂伸展神經。請維持拉伸姿勢，並將右手臂向外和向上推動並稍微拉回，再次推出，然後再次拉回。重複此動作 4 到 6 次，然後換左臂練習。

〉變化式 2：利用脊椎運動伸展

側向傾斜頸椎和胸椎也可以達到伸展和鬆動迷走神經的效果。請維持你的拉伸姿勢，並將頭部、頸椎和胸椎向側面傾斜，來回伸展 3 到 5 次。

提醒：你可以藉由活動迷走神經牽動的各個關節來伸展它，然而這需要耐心並多做練習。因此請先做基礎練習，並試著透過呼吸來擴大胸廓以刺激迷走神經。經過實踐證明這是最有效的方法。

迷走神經鬆動術評量表			
練習	良好	中等／偏良好	有待評估
迷走神經鬆動術			
右側			
左側			
變化式 1：利用手臂運動伸展			
右側			
左側			
變化式 2：利用脊椎運動伸展			
右側			
左側			

迷走神經鬆動術訓練指南

在開始做刺激迷走神經的各種訓練前，你可以先快速拉伸迷走神經 1 到 3 遍。尤其在做呼吸訓練（從第 122 頁起）、壓力按摩（第 204 頁）和冷熱感知練習（第 201-204 頁）之前，建議先鬆動迷走神經，因為它會將練習的訊息傳達到島葉。迷走神經鬆動術也是能快速看到成效的好練習，特別是日常壓力很大的時候，你可以做一兩遍有特別良好效果的變化式，每天做 2 到 3 次。

迷走神經鬆動術訓練指南		
用途	訓練方法	效果
做為快速的活化練習	• 1 項有良好成效的變化式 • 1 到 2 遍 • 每天 2 到 3 次	• 活化島葉後端 • 可以改善： 　■ 壓力 　■ 消化不良 　■ 炎症反應（發炎） 　■ 整體內感受能力
做為其他訓練的準備練習	• 1 項有良好效果的變化式 • 1 到 3 遍 • 在做其他訓練項目之前練習	特別適合做為以下練習的熱身： • 呼吸訓練 • 壓力按摩 • 冷熱感知練習

刺激耳朵皮膚以活化迷走神經

耳廓內部的皮膚區域受迷走神經支配，因此我們可以震動這個區域來直接刺激迷走神經。這也是透過刺激迷走神經來改善訓練基礎的最後一個重點。

這種力學刺激會影響迷走神經的總體活動性和所有與其相關的系統，也是呼吸和骨盆腔訓練的絕佳練習準備。我們建議使用震盪棒（Z-Vibe，第 177 頁）做練習，這是一種小棒子，上面的膠頭會產生震動。它的材質、大小和震動頻率特別

適合用來刺激耳朵相當敏感的區域。你也可以用電動牙刷替代，牙刷握柄的震動也能達到所需要的效果。但請小心練習，將握柄放在耳廓上，不要放在耳道中。

〉震動耳朵

輔助工具：震盪棒或電動牙刷

　　站姿或坐姿皆可，脊椎放鬆打直，呼吸保持平穩順暢。開啟震盪棒，將頂端放入右耳廓內部。若不清楚該放置的確切位置，請參閱本頁的插圖。讓震盪棒輕輕接觸耳朵皮膚，震動 20 到 30 秒。然後換到左耳，震動耳廓內部 20 到 30 秒。你可以連續練習兩到三遍，在練習時檢測左右兩耳的效果。如果其中一側的成效較好，可在訓練中多加利用。

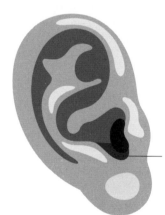

受迷走神經
支配的皮膚
區域

耳廓的部分皮膚受迷走神經支配，
可用來刺激迷走神經。

在耳朵上刺激迷走神經練習評量表			
練習	良好	中等／偏良好	有待評估
震動耳朵			
右耳			
左耳			
左右兩耳接連測試			

刺激耳朵活化迷走神經分支的訓練指南

你可以在日常中做這項強烈高效的刺激練習，每天總共練習 2 到 4 分鐘，或與其他練習結合。練習「震動耳朵」1 到 2 分鐘可以為接下來的訓練做準備。如果你覺得這項練習對你有益，還可以在做其他訓練時，像是呼吸、舌頭或骨盆腔訓練，震動耳朵 1 到 3 分鐘來刺激迷走神經。也請你先用自我評估的方法找出練習的適當強度。

刺激耳朵活化迷走神經分支的訓練指南		
用途	訓練方法	效果

做為內在體感訓練的一部分	• 「震動耳朵」中有良好效果的練習
	• 每天 2 到 4 分鐘
	• 分成多個小單元
		• 活化島葉後端
		• 可以改善：
		  ■ 消化不良
		  ■ 炎症反應（發炎）
		  ■ 壓力症狀
		  ■ 內感受能力
		  ■ 整體身心健康和表現

做為其他訓練的準備練習	• 「震動耳朵」中有良好效果的練習 • 1 到 2 分鐘 • 在做其他訓練項目之前練習	特別適合做為下列訓練的準備練習： • 呼吸訓練 • 骨盆腔訓練 • 平衡訓練

身體左右兩側同步協調

在某些動作，例如呼吸、吞嚥、說話、哼唱或做骨盆腔運動時，身體左右兩側必須協同工作（雙邊運作）才能夠順利運作。為了準備和協調這些雙邊運動，額葉中有一個特定的大腦區域「運動輔助區」。它在額葉的左右兩側也各有一個，對呼吸協調、舌頭運動和吞嚥運動特別重要。它也高度參與穩定身體核心的工作，為雙邊協調奠定良好基礎。

〉震動牙齒

輔助工具：震盪棒或電動牙刷

震動前門牙是活化運動輔助區的快速有效方法。我們在利用耳朵刺激迷走神經時就提過震盪棒，它是一種語言治療輔助工具，專門為兒童開發並在口腔中使用。你也可以使用電動牙刷或類似的器材。不過震盪棒還是最佳選擇，因為它的特殊表面材質、大小和震動頻率特別適合這項練習。

站姿或坐姿皆可，脊椎放鬆打直，呼吸保持平穩順暢。開啟震盪棒（或電動牙刷），放在上下排門牙之間。稍微閉合嘴巴，以便感覺到牙齒上的震動，持續震動約 20 秒。

提醒：如果你的前門牙有配戴牙冠或有填充物，或是這項練習讓你感到不舒服，請盡量減少震盪棒與牙齒直接接觸，這樣可以降低震動強度。例如你可以將嘴唇放在牙齒和震盪棒之間，用薄布包裹震盪

棒，或用其他區域的牙齒來做練習。

雙手協調運動

　　複雜的手部協調練習特別適合用來改善身體核心的協調和控制。在協調雙手之際，大腦必須負責身體核心的最大穩定性。只要你在做複雜的兩側運動，就會刺激負責身體核心穩定和協調的運動輔助區。因此這類練習適合用來準備舌頭訓練、呼吸訓練和骨盆腔訓練，讓這些訓練更加輕鬆。以下的練習非常有效，可以快速影響運動輔助區和後續訓練。雙手協調運動也可以與「震動牙齒」成為絕佳組合。

〉雙手輪流張開握緊

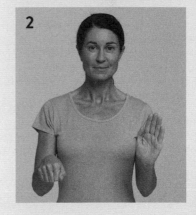

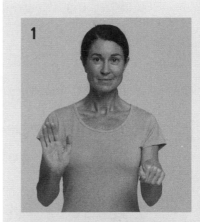

1. 採站姿，雙腳與髖部同寬，脊椎放鬆打直，雙眼直視前方，呼吸保持平穩順暢。將肘部彎曲 90 度，讓前臂與地面平行。伸展右手腕並張開手掌，同時彎曲左手握拳。
2. 輪流握緊和張開你的左右手，你要做的是轉動一隻手的手腕並向上張開手掌，同時另一手握緊拳頭並使手腕向下彎曲。請先從容緩慢地開始練習，並隨著控制力和能力增強而加快速度。這項練習的目標是盡快地變換手的動作。練習 20 到 30 秒。

〉轉動雙手腕關節

複雜的手部運動是刺激運動輔助區的好方法，你的雙手要做相同或相反的動作。接下來會介紹「轉動雙手腕關節」，你要在這項練習中同時轉動兩隻手腕的關節。除了在空中畫圓圈之外，也可以寫你的名字或字母，或是畫出橫向的數字「8」。你可以發揮各種創意，但前提是雙手要同步做相同或相反的動作。

1.-4. 採站姿，雙腳與髖部同寬，脊椎放鬆打直，呼吸保持平穩順暢，雙眼直視前方。將肘部彎曲 90 度，前臂與地面平行。現在將手指合攏，手腕保持固定不動，並開始用右手以順時針方向，左手以逆時針方向旋轉 5 到 6 次。確保雙手以同樣速度畫圈，且畫出的圓圈等大。接著改變方向，右手逆時針旋轉，左手順時針旋轉。

〉變化式 1：同步畫圓

你可以同時順時針或同時逆時針旋轉手腕，讓練習更加多樣化。請確保雙手同步運動，並維持相同的動作範圍。

〉變化式 2：同步寫字

你也可以雙手同步寫自己的姓名、整個句子或畫圖。在練習中發揮你的創意，例如：試著雙手往相反的方向，一隻手向前順寫，另一隻手同時從後往前倒寫，也可以雙手同時向左和向右各寫一次，或者從內向外或從外向內寫。每次練習 20 到 30 秒，連續重複練習 2 到 3 次。

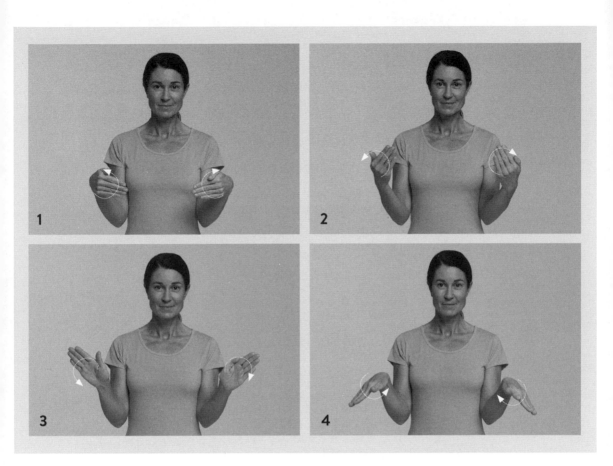

活化運動輔助區（同步活化身體左右兩側）評量表			
練習	良好	中等／偏良好	有待評估
震動牙齒			
雙手輪流張開和握緊			
轉動雙手腕關節			
變化式 1：同步畫圓			
變化式 2：同步寫字			

活化運動輔助區訓練指南

跟利用耳朵刺激迷走神經一樣，你可以利用活化運動輔助區的練習，為呼吸、舌頭和骨盆腔訓練做準備。只需要選擇一到兩項有良好效果的練習，在做訓練前練習 30 到 120 秒。我們推薦你將雙手協調運動與「震動牙齒」結合，這樣的組合訓練非常有效。你也可以透過評估來測試哪些組合對你最有效。

活化運動輔助區訓練指南		
用途	訓練方法	效果
做為其他訓練的準備練習	• 1 到 2 項有良好效果的練習 • 各做 30 到 120 秒 • 在做其他訓練項目之前練習 將震動牙齒結合雙手協調運動（雙手輪流張開和握緊，或轉動雙手腕關節），以獲得最大成效	• 活化島葉後端 • 改善整體訓練成效 • 可以改善： 　■ 慢性疼痛 　■ 疼痛症狀（尤其是身體核心） 　■ 骨盆腔問題 • 特別適合做為下列訓練的準備練習： 　■ 呼吸訓練 　■ 骨盆腔訓練 　■ 平衡訓練

4

呼吸與骨盆

呼吸＝生命的象徵

過去數千年裡，許多人類文明都發現呼吸對健康很重要。不論是瑜伽、彼拉提斯、紓壓技巧或冥想，皆以呼吸為核心主軸。俗話說：「人活著，就會呼吸」這句話特別強調呼吸的重要性。對於腦部及中樞神經系統而言，呼吸的角色非常關鍵。基於生理學觀點，為了維持生命，人類的腦部需要葡萄糖與氧氣。這兩者缺一不可，如果其中任何一項的供應有問題，就會影響腦部與身體的運作，嚴重影響到健康。另一方面，如果腦部、中樞神經系統以及身體各方面的功能都很正常，呼吸的調節也會平穩。

壓力如何影響呼吸？

呼吸中樞位於腦幹，腦幹包括橋腦和延腦，它們負責啟動、調節與控制呼吸。就呼吸神經元而言，腦幹裡不僅有能夠微調呼吸深淺快慢的調節中心，也有抑制吸氣的中樞。透過呼吸訓練，我們可以改善腦幹以及中腦的神經元活躍程度，並能額外為健康加分。

呼吸多半透過自律神經調節，不受意識控制。因此，呼吸與正副交感神經系統之間的關係相當緊密。自律神經系統的正副交感神經的作用一旦失調，身體會

出現負面的代償機制，也可能出現壓力症候群。例如在面對壓力的時候，呼吸變得急促，這會導致血氧量降低、血液酸鹼值改變，在循環系統內造成氧結合力的下降等等。總而言之，壓力造成的呼吸急促或困難會對整個健康狀況產生不好的影響。

呼吸能夠強化迷走神經，並重建人體內的生化平衡

呼吸訓練最重要的任務之一就是：從神經力學、生理及神經元層面去制衡上述這些負面影響。每人每天大約呼吸一萬八千次至兩萬次。大腦會記住氣息吐納的動作模式，呼吸可以自主，並不需要透過意識控制。為了有效改變呼吸型態，並維持良好的呼吸動作，每天大約應該安排 20 至 30 分鐘的呼吸練習。

呼吸與內在體感之間的關聯很緊密。檢視上述兩者，我們會發現幾個重要的元素。首先，整個呼吸過程都在人體內進行，呼吸又會接著影響及調節體內許許多多的作用與功能。力學式的呼吸動作主要是靠橫膈膜收縮，這會讓腹腔及胸腔往前擴張，然後縮回。胸腔及腹腔的這些動作會刺激與活化迷走神經。不僅如此，透過良好的呼吸技巧上下帶動，還能夠活動到下腹部的內臟並給予刺激，有助於改善內臟器官的淋巴循環。這些訊息會傳送到島葉。正確的呼吸還能帶來其他的好處，例如啟動血壓、調節血壓、提升體內許多代謝的生化作用。

呼吸也與血液中氧氣及二氧化碳的比例改變有關。這個訊息會傳送至島葉後端，並加以處理。而且不論是血液酸鹼值的調整、血液中氧氣與二氧化碳的比率調節、乳酸代謝等等，都與呼吸息息相關。呼吸是讓人體重新恢復生化平衡的首要功臣之一。再來，呼吸訓練也有助於活化與呼吸動作相關的口鼻咽喉部位。對於內在體感而言，這些部位相當重要。本書第 5 章將用全部的篇幅來探討口鼻咽喉部位的活化與訓練。對於內在體感功能而言，呼吸乃最為重要的面向之一。大家也想懂得紓壓，活得健康吧？呼吸正是減壓生活的強大基礎。

呼吸訓練可以改善健康、疼痛與情緒問題

本章將為大家詳細介紹呼吸訓練必須注意的三大面向：

1. **改善呼吸肌的協調功能**：第一部分的呼吸訓練強調改善呼吸的動作，並訓練與呼吸有關的肌肉。步驟為：

   - 優化橫膈膜的動作

   - 改善胸腔動作

   - 強化呼吸肌肉

2. **延長吐氣的呼吸技巧**：學習簡單的技巧來延長吐氣時間。

3. **呼吸困難練習**：緊張的時候，有些人會覺得自己好像呼吸不到空氣。第三部分的呼吸訓練將教導大家如何改善呼吸困難的問題。如果因為壓力而出現負面的呼吸生理反應，可以透過這些練習來改善。

上述三大面向的呼吸訓練能夠大幅提升島葉的功能與活躍程度。神經力學的呼吸動作尤其能促使島葉後端變活躍。島葉後端和體態很有關聯。因此，正確的呼吸訓練有助於改善骨盆問題與消化障礙，並能夠替其他的呼吸練習奠定良好基礎。延長吐氣練習不僅能夠提高專注力，更可活化島葉後端與前端，有助於改善疼痛症狀並且調節情緒。延長吐氣練習乃是為了第三部分的練習預先做好準備。第三部分的練習專門處理壓力狀況下的呼吸困難問題，不僅可以活化島葉後端、中端及前端，更有助於提高島葉中端的訊息整合功能。而且，這部分的訓練特別能夠幫助我們提高內在體感功能、改善情緒調節功能、降低恐懼感及慢性疼痛感。

開始呼吸訓練之前，建議大家先做一些前置的準備練習。如果覺得自己很難完成呼吸訓練，請先從這些準備練習開始。為了改善呼吸並改善負責協調呼吸動作的腦區，請大家每天花 1 到 2 分鐘練習。透過呼吸訓練得以活化的腦區包括：腦幹以及額葉裡的運動輔助區，後者協同負責指揮呼吸動作。另外，建議大家在做呼吸訓練的時候，最好搭配迷走神經的活化訓練，因為迷走神經也與呼吸功能的品質好壞很有關。最簡單的方法就是：透過牙齒練習改善額葉運動輔助區的功

能，並透過按摩耳廓來活化迷走神經。例如在個人化的訓練組合裡加入每次 30 至 60 秒的「震動牙齒」以及「震動耳朵」練習。或利用漱口及吞水動作來改善上述討論到的腦區功能。其他內容請參照本書第 5 章。

改善呼吸肌的協調功能

呼吸訓練要做得有效又輕鬆，先決條件就是呼吸肌功能良好，腔胸的擴張及收縮動作能夠到位。呼吸肌的功能及靈敏程度經常會受到身體姿勢不良、受傷、生病、缺乏運動或壓力等因素影響，這些因素尤其會影響橫膈膜的運作。橫膈膜位於肋骨下方，是最主要的呼吸肌；它是分隔胸腔與腹腔的肌肉，延展及肋骨底部，並透過肌筋膜拉向腰椎做固定。吸氣時，橫膈膜收縮並向下移動，打開胸廓，讓空氣進入肺部。吐氣時，橫膈膜放鬆，胸廓內縮，並將氣體排出體外。呼吸時，肋間肌、腰背肌或在緊急情況下出動的呼吸輔助肌多多少少會幫一點忙。但是，絕大部分的呼吸動作都是由橫膈膜主導。從力學動作層面及神經元層面來看，橫膈膜和口腔、咽喉及骨盆腔都有直接的聯結。因此，只要改善橫膈膜的功能，不僅能夠提高呼吸效率，更可強化所有相關系統的表現。例如透過正確的呼吸訓練能夠改善背痛、肩頸僵硬以及骨盆關節活動度受限等健康問題。如果呼吸能更省力更有效率，那麼呼吸的運作模式就會更協調，呼吸肌也會變得更加強而有力。這些改善又可協助大腦更加洞悉橫膈膜及胸腔的一舉一動，並好好加以控制與調節。

強化橫隔膜的動作

觀察呼吸過程可以發現：在吸氣時候，橫膈膜收縮往腹腔下降；這使得胸腔擴大，空氣便能進入肺部。在吐氣的時候，橫膈膜放鬆，往胸腔及肺部方向上升；這讓空氣離開肺臟。針對橫膈膜肌肉的訓練，必須特別專注在吐氣的動作上。我們將教大家幾個動作來收縮及放鬆橫膈膜。

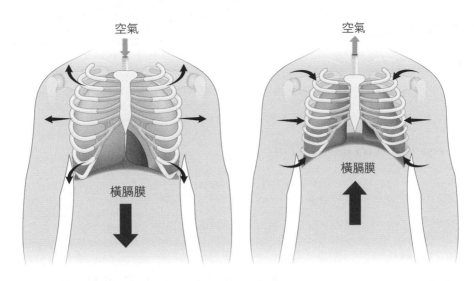

吸氣的時候，橫膈膜往腹腔下降；吐氣的時候，橫膈膜往胸腔上升。

　　首先是減少橫膈膜壓力的基本動作，也就是透過緩慢的吐氣來有效延展這部分的肌肉，又稱為橫膈膜伸展動作。練習的方式很簡單，平躺、彎曲膝蓋就能練。這個姿勢最容易讓初學者學會如何延展橫膈膜。一旦掌握箇中技巧，就可以用坐姿或站姿練習。

〉橫膈膜伸展

輔助工具：瑜伽墊

　　這項練習的主要目標是透過長時間用力吐氣來伸展橫膈膜。你需要多花些時間練習，才能夠熟練地控制用力吐氣的技能。

1. 仰躺，雙腳著地，膝蓋彎曲。
2. 調整骨盆位置，使下脊椎貼近地面，並完全躺在墊子上。
3. 將一隻手放在腹部，呼吸三到四口氣，用手感覺腹部的隆起和下沉。
4. 現在開始進入練習，用鼻子盡力把空氣深吸到腹部，讓手隨著隆起的腹部上升。
5. 現在控制吐氣，將空氣順暢地吐出。喉嚨、脖子、下巴放鬆，很重要的一點是嘴巴微張。專注在肺部透過嘴巴向外流出的氣流，並且避免使勁。將空氣全部吐出。如果你覺得已經把所有的空氣吐盡，請再多吐幾口氣出來。骨盆和下脊椎要一直貼在墊子上。只要動作正確，你會感覺到背部深處朝肺部向上拉伸。連續練習 3 到 4 次，中間可以稍作休息。

提醒：練習時容易引起咳嗽。但不用擔心，隨著練習熟練就會改善。

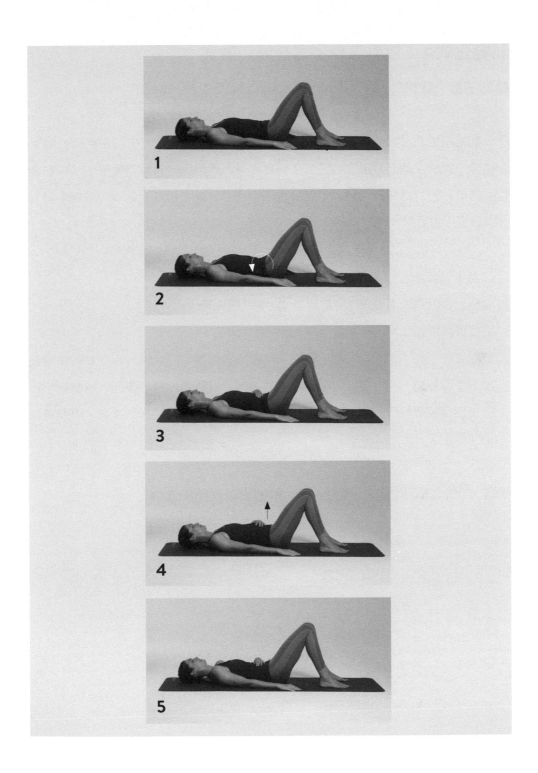

〉變化式 1：雙手高舉過頭橫膈膜伸展

輔助工具：瑜伽墊

在這項變化式中，吸氣時要將手臂高舉過頭放在地板上，並在整個吐氣期間雙手一直放在地面。這樣的手臂姿勢會改善力學條件，可以更強烈地伸展橫膈膜。如果你因為肩關節活動度受限而無法做到，可以先用小枕頭支撐前臂。隨著多次練習，這方面也會改善。

1. 仰躺，雙腳著地，膝蓋彎曲。
2. 調整骨盆位置，使下脊椎貼近地面，並完全躺在墊子上。
3. 把雙臂高舉過頭時，鼻子盡力把空氣深吸到腹部。
4. 喉嚨、脖子和下巴放鬆，嘴巴微張。現在開始控制你的吐氣，將空氣順暢地吐出。手臂放鬆，並一直放在頭部上方的地面，以幫助伸展橫膈膜。只要動作正確，你會感覺到從背部深處向胸椎拉伸的力量。連續練習 3 到 4 次，中間可以稍作休息。

提醒：不要使勁將空氣吸入喉嚨，骨盆和脊椎要一直貼在地面上。

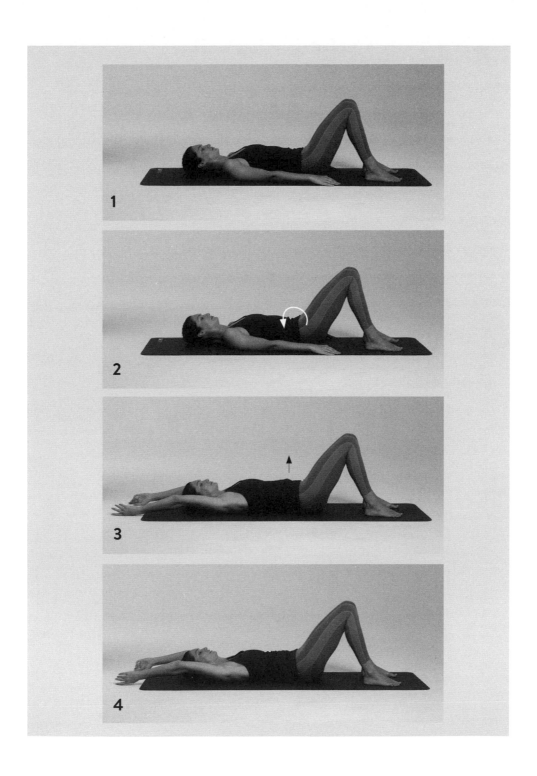

〉變化式 2：橋式橫膈膜伸展

輔助工具：瑜伽墊

　　這項變化式還加上了橋式，以增強吐氣期間的橫膈膜拉伸。這項練習要求協調能力，所以請在你熟練橫膈膜伸展的基礎練習和變化式 1 之後，再開始做這項練習。

1. 仰躺，雙腳著地，膝蓋彎曲。
2. 調整骨盆位置，使下脊椎貼近地面，並完全躺在墊子上。
3. 用鼻子盡力把空氣深吸至腹部，使腹部向上隆起，同時將雙臂高舉過頭，並抬起骨盆和背部。很重要的一點是保持骨盆正面朝上。
4. 從橋式的姿勢開始，控制你的吐氣，將空氣順暢地完全吐出。保持喉嚨、脖子和嘴巴放鬆。
5. 在吐氣完全結束前躺回墊子上，躺回時要繼續把空氣吐盡，保持骨盆正面朝上。躺回的動作可以更強烈地拉伸呼吸肌。連續練習 2 到 4 次。

提醒：這項變化式需要多次練習才能掌握技巧。請保持耐心並定期練習！

〉橫膈膜按摩

輔助工具：瑜伽墊

　　另一項為呼吸訓練做準備的有效方法是按摩並放鬆附著在肋弓上的橫膈膜。準確來說，我們要按摩橫膈膜的筋膜結構。通常會有一側比另一側更緊繃，而橫膈膜按摩特別適合減輕這種緊繃。只要躺在地板上就能做練習。一旦熟練了仰躺姿的橫膈膜按摩，就能用坐姿或站姿練習。

1. 仰臥，脊椎放鬆打直，雙腳著地，膝蓋彎曲，呼吸維持平穩順暢。把手放在肋弓連接到腹部的柔軟部位。
2. 用右手抓握住右肋弓，左手抓握住左肋弓。也就是用雙手手指抓住你的下肋骨。
3. 透過指尖感受到呼吸肌的緊繃。向最緊繃的區域稍微施加力道，手指更緊緊抓住肋骨，然後用手指朝肺部位置向上稍微推深一點。請注意手指所施加的力道不應該造成疼痛。
4. 開始深而有力地腹部呼吸 5 到 10 次。很重要的一點是，吸氣時手指必須緊緊抓住肋骨。
5. 吐氣時，手緊握著肋骨，並緩慢地朝骨盆位置向下拉。注意哪一側更緊繃，就是你應該多加按摩並放鬆的一側。你可以有意識地將呼吸引導到這一側或是單獨按摩。

提醒：通常一開始手會沒有足夠的力量來應付這種強大的肌肉阻力。所以你應該找出如何放置雙手以達到最佳抓握手法，幫助你在吸氣時施加必要的反作用力，並在吐氣時將肋骨拉向骨盆。多做嘗試，直到你找到最合適的位置。手部的力量會逐漸增加，因此可以做 2 到 3 分鐘的練習。

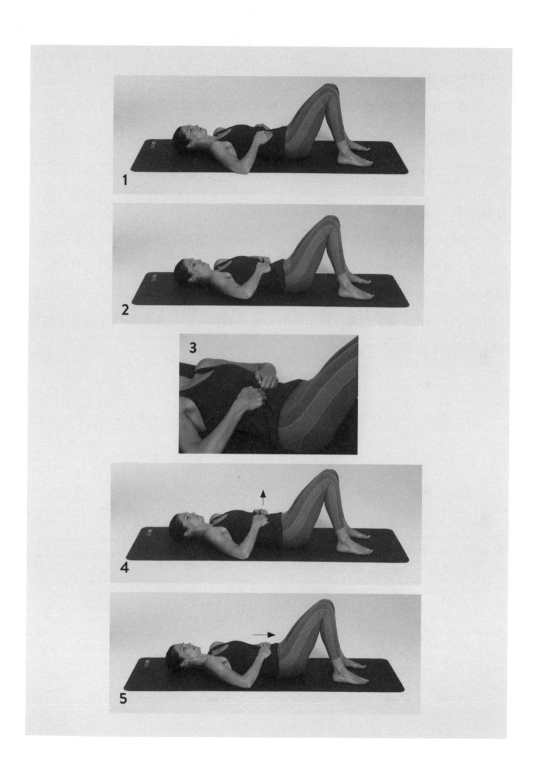

控制適當的力道和呼吸深度！

這項練習不應該引起過度緊張或疼痛，所以請調整手指按壓的力道和呼吸深度，在你可以忍受的範圍內練習。

改善胸廓的運動

　　良好呼吸的基礎除了提升橫膈膜的功能之外，還可以透過胸廓在三度空間上的協調，讓整個肺部得到最佳通風（空氣流通）。吸氣時，兩側胸廓應同時向前、向側面、向後擴展。如果有某個運動方向受限，代表肺部這一區域並未理想地整合到呼吸過程裡，需要改善。接下來的一連串練習，可以改善胸廓運動的協調性和肺部空氣流通。

〉3D 呼吸

　　3D 呼吸是感知並改善胸廓運動的最簡單方法。這項練習可以訓練到整個肺部的指揮和控制呼吸的功能，也會訓練呼吸肌移動胸廓的的協調性和力量，並且將內在體感更集中在呼吸過程上。

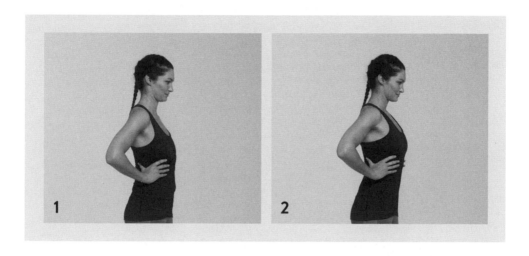

1. 採站姿，雙腳與髖部同寬，脊椎放鬆打直，呼吸保持平穩順暢。雙手各放在胸廓的兩側，拇指朝後方，其他四根手指向前握住胸廓。

2. 平穩地深深吸氣和吐氣 3 到 4 次。當你吸氣時，要注意手指下的胸廓向前、向側面、向後擴展。比較左側和右側的不同，是否有區域的活動幅度很小或完全沒有動？表示這些區域未完全參與呼吸過程，接下來要讓它們逐漸整合到呼吸運動中。在實際上，大多數人向後擴展的程度較為受限。

〉活化肋間肌

　　如果你在練習時發現有些區域並未完全參與呼吸過程，請多花點精力在這些區域上。敲打或拍打在 3D 呼吸練習中活動不理想的肋骨區域，情況很快就能改善且效果驚人。

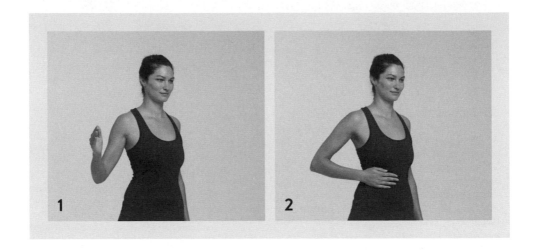

1. 採站姿，雙腳與髖部同寬，脊椎放鬆打直，呼吸保持平穩順暢。專注於 3D 呼吸中活動幅度不足的區域。

2. 用掌心在這些肋骨區域上用力拍打 2 到 3 次。你要能明顯感受到拍打，也許會覺得有些不適，但疼痛感不應超出你能忍受的範圍。做完這項調整練習後，接著再做 3D 呼吸並評估成果。如有必要，重複練習 2 到 3 次。

〉側傾式 3D 呼吸

輔助工具：椅子或其他可以扶著的物體，例如牆壁

熟練 3D 呼吸之後，就可以用側傾式 3D 呼吸感知、訓練、改善身體半側的呼吸。做時讓身體往一側傾斜，專注於正在伸展那一側的呼吸運動。

1. 採站姿，雙腳與髖部同寬，脊椎放鬆打直，呼吸保持平穩順暢。用左手握住椅背，以做刺激右側的練習。專心呼吸 2 到 3 口氣，然後上半身向左側傾斜。確保脊椎均勻地拉伸和側傾。剛開始略微側傾就足夠了，不需過度拉伸。

2. 右手插在右側下肋骨的位置。

3. 開始吸氣，用手感覺右肋骨向前、向側面、向後擴展，並推抵著你的手。呼吸 30 到 60 秒。接著換另一側練習，將身體向右側傾，練習左側的呼吸 30 到 60 秒。

〉側傾式 3D 分段呼吸

輔助工具：椅子或其他可以扶著的物體，例如牆壁

　　將側傾式 3D 呼吸做分段練習，可以讓呼吸練習更有創意和功能性。將 3D 呼吸分成三個階段，從胸廓下部經由中部向上。你會更能感知身體兩側的呼吸運動，並優化橫膈膜運動和胸廓運動的神經力學和功能。最重要的是，你會學到引導和控制呼吸的技巧，並從呼吸過程中獲得不同的內在體感。

1a. 採站姿，雙腳與髖部同寬，脊椎放鬆打直，呼吸保持平穩順暢。用左手握住椅背，做刺激右側的練習。專心呼吸 2 到 3 口氣，然後上半身向左側傾。確保脊椎均勻地拉伸和側傾。剛開始有略微的彎度就足夠了，不要過度拉伸。把右手放在右側下肋骨。

1b. 做 2 到 3 次 3D 呼吸。

2a. 現在把手放在肋骨的中間。

2b. 做 2 到 3 次 3D 呼吸。

3a. 最後把手放在肋骨的上部，就在腋窩下方。

3b. 在上肋骨區域做呼吸練習，感受手指跟著 3D 呼吸上下起伏。

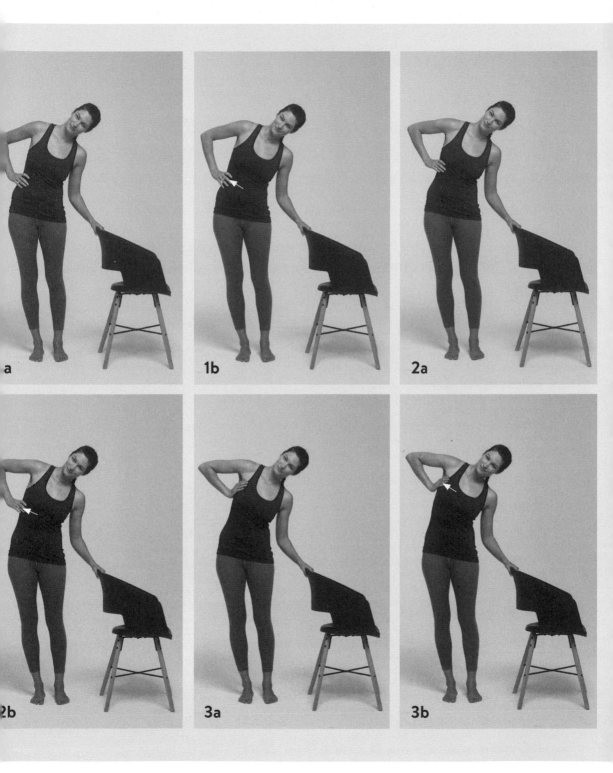

〉一口氣式 3D 呼吸

下一步要做的是用一口氣呼吸，讓整個胸廓在三度空間上運動。這項練習也是從側傾開始，並用一口氣接連供給空氣給肋骨下、中、上三個區域。首先將呼吸引導到肋骨下部深處，然後進入肋骨中段，最後到肋骨和胸廓的上部。切記，請緩慢地控制呼吸，並保持順暢。花點時間練習，你會逐漸感覺到呼吸在整個胸廓內，從底部到頂部朝三個方向擴展。也可以用手去感覺肋骨的動作。

改善呼吸肌協調評量表			
練習	良好	中等／偏良好	有待評估
強化橫膈膜運動			
橫膈膜伸展			
變化式 1：雙手高舉過頭橫膈膜伸展			
變化式 2：橋式橫膈膜伸展			
橫膈膜按摩			
改善胸廓運動			
3D 呼吸			
活化肋間肌			
側傾式 3D 呼吸			
側傾式 3D 分段呼吸			
一口氣式 3D 呼吸			

強化呼吸肌

除了協調呼吸和改善呼吸的力學作用之外，增強呼吸肌也很重要。運作良好的肌肉通常可以顯著改善呼吸問題，更容易做好呼吸訓練。接下來我們要教 3D 呼吸的兩個進階變化式，然後會介紹用特殊器材訓練呼吸肌。

〉彈力帶 3D 呼吸

輔助工具：彈力帶

　　做 3D 呼吸時加上額外的阻力，在吸氣時會給予胸廓反作用力，更能訓練到呼吸肌並產生新的刺激。外部阻力不僅可以增強呼吸肌，還會使你更能夠感知呼吸和肋骨運動。這項練習只需要一條有彈性的彈力帶。可以使用迷你彈力帶（彈力圈），或其他容易拉伸，而且可以緊緊包住肋骨的鬆緊帶。

1. 採站姿，雙腳與髖部同寬，脊椎放鬆打直，呼吸保持平穩順暢。將彈力帶放在肋骨中段，胸骨正下方。
2. 開始練習 3D 呼吸，吸氣並對抗彈力帶的阻力。肋骨向前、向側面、向後擴展，感覺肋骨朝這三個方向撐大彈力帶。比較左右兩側的不同，兩側擴展的程度一樣嗎？可以在各個方向上均等地撐大彈力帶嗎？深呼吸 10 到 15 次。吸氣時不要太快，而應隨著每次呼吸緩慢地增加張力。重複練習 2 到 3 次。

〉用呼吸訓練器做 3D 呼吸

輔助工具：放鬆器（Relaxator）

　　另一項強化呼吸肌的方法是使用呼吸訓練器。我們將介紹專為呼吸肌訓練設計的不同器材。你可以使用「放鬆器」（Relaxator）做 3D 呼吸的阻力練習，練習熟練後可以用「肺擴張器」（Expand-a-lung）。這兩種訓練器都會增加你在吸氣和吐氣時的阻力，因此呼吸肌必須更加努力工作。你也可以使用其他呼吸訓練器，只要它們能在呼吸過程中給予阻力。

　　這兩種器材都有一個調節器，方便你設置所需的阻力。放鬆器的優點是大小適中，重量輕。以下練習以放鬆器為例：

1. 採站姿，雙腳與髖部同寬，脊椎放鬆打直，呼吸保持平穩順暢。將放鬆器放在嘴脣中間，雙手各放在胸廓的兩側，拇指朝後，另外四隻手指從正面抓住胸廓。
2. 用嘴巴吸氣，並抵抗放鬆器的阻力，再從鼻子緩慢平穩地吐氣，重複 10 到 15 次。吸氣不要太快，緩慢增加吸氣時的張力，最後用你最強的力道吸入空氣。吸氣時用手指感覺胸廓是否向前、向側面、向後擴展。比較左右兩側的不同，有沒有只有稍微活動或完全沒動的地方？如果有，表示這些部位並未完全參與呼吸過程。下一步是將這些肺部區域整合到呼吸中。這項練習每天可以做 2 到 3 次。

提醒： 先從級數低的阻力開始，然後逐步調高。你選擇的阻力級數應該能讓胸廓在 3D 呼吸時朝每個方向擴展，並保持脊椎直立不彎曲。

使用肺擴張器強化呼吸肌

　　肺擴張器可以提高每次呼吸訓練的強度，並強化呼吸肌，阻力也比放鬆器更大。呼吸肌越強，呼吸就越容易且更持久有效率。因此我們除了要控制呼吸並專注於長時間吐氣外，強化呼吸肌也應該是訓練的重點，因此必須分別做吸氣和吐氣訓練。

〉使用肺擴張器訓練吸氣肌

　　採站姿或坐姿皆可，脊椎放鬆打直。選擇你可以應付的阻力級數。將肺擴張器的吹嘴放在牙齒間，嘴唇輕輕閉合。開始練習時，先慢慢吸氣 1 到 2 秒，然後迅速且用力地抵抗呼吸器的阻力，吸氣 1 到 2 秒。接著用鼻子平穩規律地吐氣，並重新開始吸氣。吸氣時間不要超過 2 到 4 秒，保持脊椎直立不彎曲。每天練習兩次，每次連續呼吸 10 到 15 次。一旦你能熟練應付這個阻力級數後，就提高級數，讓你在呼吸 10 到 15 次之後會覺得訓練非常費勁。

提醒：先逐漸增強吸氣的張力約 1 到 2 秒，然後快速又用力地吸氣 1 到 2 秒。

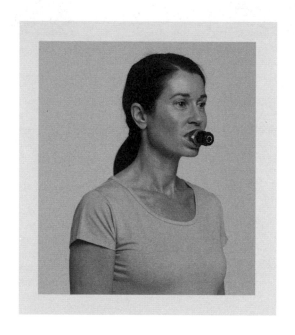

〉使用肺擴張器訓練吐氣肌

　　站姿或坐姿皆可，脊椎放鬆打直。選擇你可以應付的阻力級數。將肺擴張器的吹嘴放在牙齒間，嘴唇輕輕閉合。現在用鼻子吸氣 2 到 3 秒，接著小心控制並

對抗著阻力用力呼出。選擇你可以在 3 到 4 秒內完成吐氣的阻力級數。脊椎要直立不彎曲。每天練習兩次，每次呼吸 10 到 15 次。一旦能熟練應付這個阻力級數後，就調高級數，讓你在呼吸 10 到 15 次之後會覺得訓練相當吃力，但你仍然可以控制自己的姿勢，脊椎也能保持直立不彎曲。

強化呼吸肌練習評量表			
練習	良好	中等／偏良好	有待評估
彈力帶 3D 呼吸			
用呼吸訓練器做 3D 呼吸			
使用放鬆器			
使用肺擴張器			
使用肺擴張器強化呼吸肌			
使用肺擴張器訓練吸氣肌			
使用肺擴張器訓練吐氣肌			

協調呼吸肌訓練指南

如果你想要循序漸進地改善呼吸，並且希望效果持久，就應該先從改善呼吸的力學作用開始，以奠定呼吸運動的基礎。我們每天的自主呼吸會有 18,000 到 20,000 次，因此你要用具有強化神經元效果的呼吸方式來應對大量的自主呼吸，以便長期改善呼吸運動。在換到其他訓練之前，最好花 3 到 4 週完成這項訓練。

呼吸訓練前的準備

呼吸訓練跟內在體感訓練一樣，要先做特定的熱身練習。這類熱身練習有活化迷走神經的「迷走神經鬆動術」和「刺激耳朵以活化迷走神經分支」。「震動耳朵」肯定是準備呼吸訓練各方面練習最簡單有效且快速的方法，連續震動 20 到 30

秒就足夠。

另一個方法是活化運動輔助區訓練的「震動牙齒」、「轉動雙手腕關節」或「舌頭繞圈」（第 181 頁）。做這些練習 20 到 30 秒可以優化呼吸訓練，做有良好效果的變化式還可以大幅提升訓練效果和整體效用。

改善呼吸力學做為主要訓練項目

除了前面介紹的那些協調呼吸肌的練習外，要改善呼吸力學還需要強化呼吸肌。這兩方面的練習可以為接下來的呼吸訓練奠定良好基礎，並且改善你的感知和控制呼吸的能力。呼吸的力學格外能刺激島葉後端，因此非常適合用來改善總體內感受能力。3D 呼吸可以做為改善骨盆腔問題的輔助訓練，而伸展橫膈膜肌特別有益於改善消化不良。你可以單獨做呼吸力學訓練，用「良好」或「中等」效果的練習當作主要訓練項目，時間為期 3 到 4 週。每天訓練至少 10 到 15 分鐘，分成 2 到 3 個小單元分批練習。

呼吸的各個部分運作越好，呼吸就越容易，效率也越高。重要的是強化負責呼吸運作的肌肉。強化呼吸肌訓練應該跟健身或重量訓練一樣，每週做 3 到 4 次。每次練習都抵抗阻力呼吸 10 到 15 次，連續練習 2 到 3 遍。這些練習可以強烈刺激島葉後端，有益於改善消化問題，並可以做為改善骨盆腔的輔助訓練。

改善呼吸力學做為其他訓練的準備練習

你可以利用改善呼吸力學練習來為進階的呼吸訓練做準備，例如延長吐氣時間或呼吸困難練習。1 到 2 分鐘效果「良好」的練習，就可以為接下來的訓練打好基礎。把呼吸力學的練習當作快速熱身，也有益於內在體感訓練，而且特別適合用來優化舌頭訓練（第 177 頁起）和骨盆腔訓練。

協調呼吸肌訓練指南		
用途	訓練方法	效果

做為主要訓練項目	**準備練習**
	
	• 20 到 30 秒
	
	• 以下練習中有良好效果的其中一項：
	
	  ■ 迷走神經鬆動術
	
	  ■ 震動耳朵
	
	  ■ 震動牙齒
	
	  ■ 雙手輪流張開和握拳
	
	  ■ 雙手手腕轉動
	
	  ■ 舌頭繞圈
	
	主要練習
	
	• 多項有良好或中等效果的練習
	
	• 每天 10 到 15 分鐘
	
	額外練習
	
	• 使用肺擴張器強化呼吸肌
	
	• 2 到 3 回／每回 10 到 15 次呼吸
	
	訓練 3 到 4 週
		• 活化島葉後端
		
		• 有益於改善：
		
		  ■ 總體內感受能力
		
		  ■ 消化不良（尤其是伸展橫膈膜）
		
		  ■ 骨盆腔問題（尤其是 3D 呼吸）

做為呼吸訓練其他方面的準備練習	• 多項有良好效果的練習 • 1 到 2 分鐘	• 活化島葉後端 • 改善後續呼吸練習的呼吸力學和整體訓練成效

做為內在體感訓練其他方面的準備練習	• 多項有良好效果的練習
	
	• 1 到 2 分鐘
		• 活化島葉後端
		
		• 改善整體訓練成效
		
		• 特別適合做為下列訓練的準備練習：
		
		  ■ 骨盆腔訓練
		
		  ■ 舌頭訓練

延長吐氣的呼吸技巧

延長吐氣時間會刺激迷走神經，因而增加副交感神經的作用，並刺激島葉的前端和後端，因此可以用來對抗因壓力而產生的呼吸困難及其他影響。除了在整體上可以改善內感受能力之外，延長吐氣還有助於減輕慢性疼痛。尤其是需要集中注意力的呼吸控制練習，可以強烈刺激島葉前端，有助於情緒調節和降低恐懼感。接下來我們會先介紹簡單的呼吸控制練習，用來改善感知，並為延長吐氣做準備。再來會介紹在日常生活中輕鬆訓練延長吐氣的技巧。

專心感受你的呼吸

做呼吸訓練時要一直專注在呼吸上。越能保持放鬆，並集中注意力在呼吸練習時的內部過程（像是呼吸的動作和氣流），訓練就越有效。在訓練過程中集中並引導你的注意力，會有益於你的內在體感。

〉呼吸控制 4：4

這項呼吸控制練習的首要重點在於感知和控制呼吸，方法是設定吸氣和吐氣的時間。先從吸氣與吐氣比例 4：4 開始控制呼吸。每次吸氣和吐氣時各數到 4。注意保持相同的節奏，或用手錶以秒計時。你可以在散步、休息或做其他活動時練習。如果想在散步時練習，請以步行節奏為時間單位，例如：吸氣時走 4 步，吐氣時走 4 步。切記，用鼻子吸氣時要保持呼吸平穩規律。你可以用嘴巴或鼻子吐氣（用鼻子吐氣會比較困難一些）。如果你已經練習過「採用正確的舌頭位置」（第 180/181 頁），就可以照著練習放置舌頭。剛開始會有點困難，你可能會感到輕微的呼吸困難。這都是正常情況，不必擔心。你可以隨時稍作休息，等準備就緒

後再繼續練習。每天訓練的總時間為 5 到 10 分鐘，分成 1 到 2 次訓練。

提醒：等你熟練這項呼吸控制後，也可以在練習中暫停呼吸 4 秒鐘，也就是在吐氣後屏住呼吸。你的呼吸比例會變成 4：4：4，練習的時間延長會更需要你努力控制呼吸節奏。這麼做有益於血液氣體正常化，並能夠明顯減緩壓力。

〉變化式：呼吸控制 2：4，2：6，2：8

在這項變化式中，你可以改變吸氣和吐氣的比例，使吐氣的時間長於吸氣。這對處於高強度壓力下的人會有些困難，因此吐氣與吸氣的比例要緩慢增加。以吸氣 2 秒、吐氣 4 秒做 2：4 呼吸控制。一旦你感到更有信心，就將吸氣／吐氣比提高到 2：6、2：8，以此類推下去。

經實踐證明，一起增加吸氣和吐氣的時間單位會比較簡單，也就是兩者維持一樣的比例。你也可以試著用 4：8 的比例練習，即吸氣 4 秒和吐氣 8 秒。嘗試不同的變化，並利用評估找到適合你的比例和適當的時間長度。如果要在散步時做練習，我們也建議選擇較長的時間單位，像是 4：8。

使用呼吸訓練器做延長吐氣練習

在實踐中證明，使用呼吸訓練器練習吐氣非常有效。練習時的阻力一方面可以訓練呼吸肌，使肌肉強壯，耐力持久。另一方面，阻力可以促使吐氣時間延長。如此一來，可以減輕因壓力而產生的呼吸困難和其他影響，並有益於改善血液氣體、pH 值和壓力感。

你可以把器材放在顯眼的地方，讓它時常提醒你該練習了！它使用起來非常方便，初學者和進階者都能立刻上手。本書中會使用三種不同類型的呼吸訓練器。以下的練習將使用放鬆器（Relaxator）和弗洛洛夫（Frolov）呼吸訓練器。

〉用放鬆器延長吐氣

放鬆器簡單實用，你可以隨時隨地用來做呼吸訓練。練習中通常是用鼻子吸氣，再透過放鬆器吐氣。放鬆器重量輕巧，尺寸合適，可以非常輕鬆地放在嘴唇之間。它也是個安全穩定的器材，不會造成訓練的負擔。只要微調空氣阻力就可以迅速達到你所需要的強度和吐氣時間。

站姿或坐姿皆可，脊椎放鬆打直，呼吸保持平穩順暢。選擇適合你的阻力。將吹嘴放在嘴唇之間，然後開始用鼻子吸氣，再透過放鬆器用嘴巴吐氣。下巴放鬆。每天用放鬆器練習 20 分鐘，也可以融入在日常活動中，像是在散步時做練習。

用弗洛洛夫呼吸訓練器延長吐氣

弗洛洛夫呼吸訓練器也是一個很好的工具，可以改善你對呼吸的感知和控制，並延長吐氣時間。藉著這項器材的特殊運作原理，可以大大降低你在訓練時的呼吸頻率，吐氣時間也可以延長並顯著改善。你也要跟使用放鬆器一樣，從鼻子吸氣，然後透過吹嘴和呼吸軟管吐氣在水中。等你熟練後，可以用杯子裝水做練習。你可以在遊戲中練習延長吐氣，還能學到控制和忍受呼吸急促的感覺。

弗洛洛夫呼吸訓練器的另一個優點是，它的特殊構造可以讓你明顯感受到自己的呼吸，並學會控制呼吸，使氣息均勻流動。如果你的呼吸衝動太強、太突然，或太猛烈，會直接反應在水上，水會開始擾動和飛濺。你需要費點勁控制呼吸，讓水一直均勻持續地冒泡。

〉用弗洛洛夫呼吸訓練器延長吐氣

依照說明書指示，為弗洛洛夫呼吸訓練器加水。站姿或坐姿皆可，脊椎放鬆打直。一隻手拿著呼吸訓練器，把吹嘴放在雙脣之間。開始練習時，用鼻子吸氣，再透過呼吸訓練器緩慢吐氣。穩定呼吸，讓水均勻平穩地冒泡。剛開始練習時可以調整水量，讓你的控制容易些。使用的水越多，越需要更好的控制呼吸能力。每次持續練習10 到 30 分鐘。視你的情況而定，剛開始可以在練習中稍作休息。

提醒：一開始可以把呼吸訓練分成小單元，做分批練習，以達到一天 10 到 30 分鐘的總訓練時間。

〉變化式：用弗洛洛夫呼吸訓練器延長吸氣和吐氣

請依照上一個練習的步驟做，但是在這個變化式裡，你還要用弗洛洛夫呼吸訓練器吸氣，透過水的阻力吸氣和吐氣。做這項練習時，請確保你選擇的水位和阻力所引起的呼吸急促感是你可以忍受的範圍。視你的情況而定，剛開始可以在練習中稍作休息。

提醒：一開始可以把呼吸訓練分成小單元分批練習，並達到一天 10 到 30 分鐘的總訓練時間。

延長吐氣練習評量表			
練習	良好	中等／偏良好	有待評估
呼吸控制 4：4			
不同呼吸節奏的呼吸控制			
呼吸控制 2：4			
呼吸控制 2：6			
呼吸控制 2：8			
使用呼吸訓練器做延長吐氣練習			
放鬆器延長吐氣			
用弗洛洛夫呼吸訓練器延長吐氣			
變化式：用弗洛洛夫呼吸訓練器延長吸氣和吐氣			

延長吐氣的訓練指南

延長吐氣訓練是一項非常重要的訓練，因為它有益於減輕壓力、刺激迷走神經和島葉，並且改善總體的內感受能力、身心健康和表現。前面說到，延長吐氣時間會產生強烈的副交感神經作用，可以讓身體回復平衡並調節壓力。延長吐氣訓練會刺激島葉後端，而有些練習會額外刺激前端。跟呼吸控制練習一樣，所有需要集中注意力的練習對島葉前端有更強烈的刺激效果。因此這項訓練有益於情緒調節，可以改善恐懼和抑鬱情緒。使用放鬆器做延長吐氣訓練會增加副交感神經的作用，特別有益於消除憂慮不安感；使用弗洛洛夫呼吸訓練器做延長吐氣訓練，在整治消化系統問題和改善總體健康方面非常有效，還可以減輕壓力。

如果你非常忙碌無法抽空練習，我們建議你將呼吸訓練與日常活動結合，無需多花時間就能輕鬆完成訓練。呼吸訓練的效果也可以用來應付突發的壓力狀況。如前所述，在做吐氣訓練前，應該先做些準備練習（第 142 頁）。在準備練習

中，你也可以多做兩到三次「伸展橫膈膜」中有良好效果的變化式，然後做至少 20 分鐘的延長吐氣訓練。你可以將訓練時間分成小單元分批練習。達成訓練目標的最簡單方法是選擇搭配呼吸訓練器的訓練，不過你也可以選擇在延長吐氣訓練中有良好效果的練習。

延長吐氣訓練指南		
用途	訓練方法	效果

做為主要訓練項目	**準備練習**
	
	做 20 到 30 秒以下練習中有良好效果的其中一項：
	
	• 迷走神經鬆動術
	• 震動耳朵
	• 震動牙齒
	• 雙手輪流張開和握拳
	• 雙手手腕轉動
	• 舌頭繞圈
	• 2 到 3 回伸展橫膈膜
	
	主要練習
	
	• 有良好或中等／偏良好效果的練習
	• 每天至少 20 分鐘
	• 可以分成 2 到 3 個小單元
	• 也可以搭配呼吸訓練器材
	
	訓練為期 3 到 4 週
		• 活化島葉後端和前端
		• 增加副交感神經作用
		• 可以改善：
		  ■ 總體內感受能力
		  ■ 慢性疼痛
		  ■ 壓力症狀
		  ■ 恐懼感
		  ■ 抑鬱情緒
		  ■ 情緒調節

做為內在體感訓練其他方面的準備練習	• 1 到 2 分鐘 • 多項有良好效果的練習	• 活化島葉後端和前端 • 改善整體訓練成效

呼吸困難練習

　　壓力對呼吸有極大的影響。在壓力下，呼吸會變得短淺急促，後果不僅是呼吸力學變差，血液中氧氣和二氧化碳的比例也會受到干擾。這種因壓力而產生的短淺呼吸會引發更頻繁且快速的吸氣，而吐氣的時間減少，結果血液中的二氧化碳太少，對健康造成許多影響。二氧化碳含量降低可能會對支氣管、腸道和膀胱的平滑肌產生負面影響。此外，我們需要二氧化碳促進氧氣與血紅素結合，若二氧化碳濃度降低，也會使血液 pH 值出現變化，只有一部分的氧氣可以輸送到目的地。二氧化碳也是使血管擴張、維持血液循環最佳狀態的基礎要素。

　　我們可以透過「空氣飢渴訓練」（Air-Hunger-Drills，德文稱作 Luftnotübungen「呼吸困難練習」）再次提高血液中的二氧化碳濃度，引起我們對空氣產生「飢渴感」。呼吸困難練習很適合用來刺激整個島葉，有益於降低恐懼感、抑鬱情緒、慢性疼痛，並且提升總體的內感受能力、身心健康和表現。這項練習跟所有需要集中注意力的練習一樣，可以更加活化島葉前端，還可以刺激小腦、中腦和腦幹的重要區域，而這些區域具有無數重要功能，其中包括參與平衡訊息處理、脊椎和眼睛的協調、減輕疼痛以及調節姿勢和肌肉張力。這些方面又直接或間接與島葉有關。

　　前面的延長吐氣練習已經包含了一些呼吸困難形式。接下來我們將介紹一些有效的練習，讓你更快產生呼吸困難感。最簡單的方法是在運動時閉氣。體力活動會消耗肌肉中血液的氧氣，身體製造出更多的二氧化碳。血液中二氧化碳濃度增加，會進而改善氧氣和二氧化碳之間的比例。你可以將閉氣練習與簡單的日常活動或運動（例如爬樓梯或深蹲）結合，或在平常走動中做這項練習。你可以發揮創意並善用時間，以獲得最佳成效。你會發現，把呼吸困難練習融入生活非常容易又省時。

〉閉氣

在閉氣時做輕度或中度的體力活動，你很快會想要再次吸氣。這個練習的目標是學會有意識地控制因閉氣所產生的吸氣衝動，讓閉氣的時間越來越長。另一個重點是，你要學會在練習後盡快恢復平穩規律的呼吸節奏。試著在 2 到 3 次呼吸後恢復正常呼吸。多加練習，熟能生巧！

1. 採站姿，雙腳張開與髖部或肩部同寬，脊椎放鬆打直。閉住嘴巴，屏住呼吸。

2. 開始做你選擇的運動，例如：走路、慢跑、深蹲、弓箭步蹲等等。當你有明顯的吸氣衝動時，請停止動作和憋氣。試著盡快恢復你平常的呼吸節奏，並保持呼吸平穩規律。試著控制你想要吸氣的衝動，並延緩衝動發生，也就是延長自己能夠憋氣的時間。重複練習 2 到 3 遍。

〉變化式 1：吐氣並閉氣

　　這項變化式有點難度，不過非常有效。方法是在做閉氣練習前先吐氣，但不用吐出所有空氣，只需吐出一部分即可。你會提早感知到更明顯的呼吸困難，吸氣的慾望也更強烈。切記，你要感覺自己可以控制住呼吸，而且練習不會造成強烈的不適。

1. 採站姿，雙腳張開與髖部或肩部同寬，脊椎放鬆打直。用嘴巴吐出一部分的空氣。
2. 接著闔上嘴巴，開始閉氣。
3. 選擇一項難度不高的運動，例如：散步、慢跑、深蹲、弓箭步蹲。當你有明顯的吸氣衝動時，請停止動作和閉氣。試著盡快恢復你平常的呼吸節奏，並保持呼吸平穩規律。試著控制你想要吸氣的衝動，並延緩衝動發生，也就是延長自己能夠憋氣的時間。重複練習 2 到 3 遍。

〉變化式 2：呼吸困難交叉協調練習

這項變化式很適合用來在運動前熱身，對接下來的訓練有許多益處。交叉協調不僅可以改善兩個腦半球之間的交流，也可以改善左右兩邊小腦的活動性。如果你到目前為止還未感覺到訓練成效，可以將這個變化式納入熱身練習中。

1. 採站姿，雙腳與髖部同寬，脊椎放鬆打直。闔上嘴巴，開始閉氣。
2. 用有節奏的方式原地抬膝踏步。熟悉節奏後，用右手去碰左膝蓋。
3. 然後用左手去碰右膝蓋，不斷地左右交替。注意，你的膝蓋和手要在身體中央交會。
4. 屏住呼吸持續練習，直到出現明顯的吸氣衝動就停止動作，並試著盡快恢復平穩規律的呼吸節奏。重複練習 2 到 3 遍。

〉袋子呼吸法

輔助工具：容量約三升的袋子

　　我們可以透過袋子呼吸法來補償因壓力引發的二氧化碳不足。做這項練習的時機是在過度換氣時，像是在嚴重焦慮或恐慌發作的情況。我們用袋子呼吸時，會再次吸入吐氣中含二氧化碳的空氣，血液氣體可以很快恢復平衡。

1. 採站姿或坐姿皆可，脊椎放鬆打直，呼吸保持平穩順暢。拿一個紙袋或塑膠袋，用雙手把袋子緊密地罩在鼻子和嘴巴上，以防止空氣從外面進入。嘴巴向袋中長吐一口氣。

2. 再從袋中吸入剛才吐出的空氣。不斷吸氣，直到你明顯感受到呼吸的衝動，就拿掉袋子，並盡快恢復平穩規律的呼吸節奏。連續練習 2 到 3 遍。

〉袋子呼吸法簡易版

輔助工具：容量約三升的袋子

　　這項變化式比較簡單，你可以在袋子與鼻子和嘴巴之間留一點空間，這樣可以讓你吸入一些新鮮空氣。練習的難度會降低，因此會花較長的時間才開始感到呼吸困難。適用於覺得上一項練習很難的人，以及在做基礎練習時很快就感到呼吸困難的人。

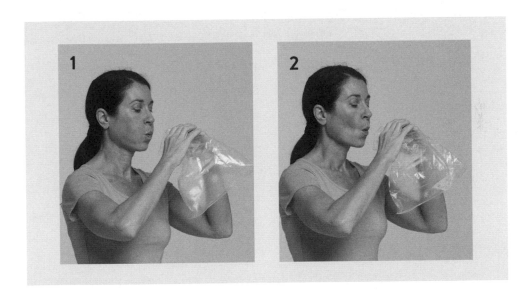

1. 站姿或坐姿皆可，脊椎放鬆打直，呼吸保持平穩順暢。拿一個紙袋或塑膠袋，用雙手將袋子暫放在鼻子和嘴巴上，然後把袋子移到距離臉部 2 到 5 公分的位置。現在嘴巴向袋中長吐一口氣。

2. 再從袋子中吸入剛才吐出的空氣，一直吸到你覺得必須呼吸就拿掉袋子。盡快恢復平穩規律的呼吸。連續練習 2 到 3 遍。

慢慢適應呼吸困難！

剛開始有些人可能不習慣用袋子呼吸，甚至可能引發不適或恐懼感。通常在練習幾次之後，你就會慢慢習慣了。但還是請確保在練習中覺得安全，並且感覺自己可以控制呼吸。如果袋子呼吸法造成過度不適，你可以用其他的呼吸困難練習代替。

呼吸困難練習評量表			
練習	良好	中等／偏良好	有待評估
閉氣			
變化式 1：吐氣並閉氣			
變化式 2：呼吸困難交叉協調練習			
袋子呼吸法			
袋子呼吸法簡易版			

呼吸困難練習訓練指南

呼吸困難練習有多種用途，可以在壓力情況下或是長期處於壓抑狀態時迅速緩解狀況。此外，你可以利用呼吸困難練習來提高總體的內感受能力，或用來準備內在體感的其他訓練項目，因為它可以刺激島葉的所有區域。

緩解壓力

袋子呼吸法可以快速有效改善壓力症狀。其他的呼吸困難練習也同樣適用。如果情況允許，請在急性壓力出現時連續練習 2 到 4 次，或是做延長吐氣中類似呼吸困難的練習。每天練習 5 到 8 次呼吸困難練習，直到壓力緩解。

做為內在體感訓練的一部分

　　呼吸困難練習除了可以快速緩解壓力和焦慮症狀外，還可以影響島葉的所有區域，因此適合用於改善慢性疼痛、焦慮感、抑鬱情緒，甚至可以改善整體健康、提升幸福感和表現。你還可以將呼吸困難練習與內在體感訓練的其他方面結合，並同時做其他練習。例如在做舌頭訓練（從第 181 頁開始）、平衡訓練（從第 74 頁開始）或骨盆腔訓練（從第 162 頁開始）時，閉氣 1 到 3 次，然後繼續做原來的練習。就像基礎的呼吸困難練習「閉氣」，也可以在日常活動中做。每天練習至少 5 到 10 分鐘，也可以分成 2 到 3 個小單元分批練習。

做為其他訓練項目的準備練習

　　你還可以將呼吸困難練習做為本書其他方面訓練的準備練習。這項練習影響島葉中端，因此可以提升整合能力，為內在體感其他方面訓練做最佳準備。另外，二氧化碳濃度提高在生理和神經元作用上會有正面的效果，你可以從這些效果中受益，提升訓練成效。在做實際訓練之前，選擇 1 到 3 項效果良好的練習，總共練習 1 到 3 分鐘。

呼吸困難練習訓練指南		
用途	訓練方法	效果
減緩急性壓力反應症狀	• 1 項有良好效果的練習 • 2 到 4 遍 • 每天 5 到 8 次	減輕壓力症狀和降低焦慮感
做為內在體感訓練的一部分	• 有良好或中等效果的練習 • 每天 5 到 10 分鐘 • 可以與以下訓練結合： 　■ 舌頭訓練 　■ 骨盆腔訓練 　■ 平衡訓練	• 活化島葉後端、中端和前端 • 可以改善： 　■ 慢性疼痛 　■ 焦慮感 　■ 抑鬱情緒 　■ 情緒調節 　■ 整體身心健康和表現

做為內在體感訓練其他方面的準備練習	• 多項有良好效果的練習 • 1 到 2 分鐘	• 活化島葉後端、中端和前端 • 改善整合能力 • 提升整體訓練成效

如何使用呼吸訓練

呼吸訓練由三個主要內容組成：改善呼吸肌的協調性，延長吐氣的呼吸技巧，和呼吸困難練習。每個方面都可以做為主要訓練項目，花幾週的時間全神貫注練習，各自的章節段落中都有訓練指南。在你熟悉這些練習並打好基礎後，就可以將這些方面的練習結合起來，做為主要訓練項目或內在體感訓練的一部分。

結合所有方面的全面性呼吸訓練

如果想將全部的呼吸練習整合到一個較長的訓練單元中，我們建議按照以下順序來做：

1. 先做快速的熱身練習（第 141 頁）。
2. 做 2 到 3 遍有良好效果的「呼吸困難」練習（第 151-155 頁）。
3. 接著做 4 到 5 分鐘「改善呼吸力學」練習（第 122-140 頁）。
4. 再使用呼吸訓練器強化呼吸輔助肌，做 10 到 15 次呼吸（第 140/141 頁）。
5. 做 10 到 15 分鐘一項或多項延長吐氣練習，訓練結束（第 144-147 頁）。

結合所有呼吸練習可以輕鬆達成每天 20 到 30 分鐘的總訓練時間，或是把訓練分成 2 到 3 個小單元。訓練期 4 到 6 週。

全面性呼吸訓練訓練指南		
用途	訓練方法	效果
結合所有呼吸訓練為主要訓練項目	**準備練習** 做 20 到 30 秒以下練習中有良好效果的其中一項： • 迷走神經鬆動術 • 震動耳朵 • 震動牙齒 • 雙手輪流張開和握拳 • 雙手手腕轉動 • 舌頭繞圈 **呼吸困難練習** • 1 項有良好效果的練習 • 2 到 3 遍 **改善呼吸肌協調性** • 多項有良好效果的練習 • 4 到 5 分鐘 • 額外使用呼吸訓練器做「強化呼吸肌」練習，呼吸 10 到 15 次 **延長吐氣練習** • 1 到 2 項有良好效果的練習 • 10 到 15 分鐘 **總訓練時間** • 每天 20 到 30 分鐘 • 可以分成 2 到 3 個小單元 • 為期 4 到 6 週	• 刺激島葉所有區域 • 可以改善 　■ 內在體感能力 　■ 健康、舒適感、工作效率 　■ 壓力 • 有益於改善： 　■ 生理和神經元的基礎 　■ 情緒調節 　■ 整合能力 　■ 慢性疼痛

骨盆＝內在體感的重要幫手

　　一般人不太重視骨盆訓練，但是訓練骨盆真的能夠改善內在體感功能。因此，我們特別建議你在個人化訓練中納入骨盆訓練。骨盆肌會向正副交感神經系統傳遞神經訊息；骨盆的動作訊息會繼續向上傳送至島葉，由島葉後端接收。只要島葉後端的功能得到改善，便可提高許多身體部位的健康品質。例如，調整了骨盆之後，消化問題會得到明顯改善。為什麼呢？這和內在體感的訊息來源有關，因為形成內在體感訊息的範圍介於人體的口咽部位與骨盆之間。

　　骨盆，位於人體軀幹最下方，執行著許多重要功能。首先，骨盆必須支撐腹部的重量，保護內臟並避免內臟脫垂；例如骨盆平時保護著女性的子宮，骨盆在女性生產時必須強力收縮。再者，骨盆腔的肌肉必須適當收縮與放鬆，以利排尿與排便。另外，骨盆也與性行為有關。不過，單一重點的骨盆訓練通常難度很高，曠日費時，不易奏效。

　　從結構來看，骨盆腔部由許多層的肌肉及肌筋膜組成，面積不算小；但骨盆對應的腦部感官及運動區域卻相當迷你。因此，針對骨盆對應腦區的活化訓練並不容易。而且，從骨盆傳送至腦部的訊息通常很微弱，不足以讓特定的骨盆腔神經元訓練產生效果。因此，最好從與骨盆腔有關的器官及功能下手，方可降低骨盆訓練的難度，並維繫訓練效果。

女性的骨盆腔與其特性

女性的骨盆形狀、大小與骨盆動作的前提條件與男性大不相同。在妊娠期間以及生產的時候，女性的骨盆必須承受許多額外的負荷。如果骨盆在坐月子期間無法充分休息與保護，骨盆的功能恢復不盡理想，那麼女性在生產後仍須面對骨盆功能障礙等健康隱憂。因此，我們極力希望提醒讀者們努力彌補骨盆的缺憾。就算懷孕及生產都是多年以前的事情了，婦女朋友仍然可以透過準備與活化神經元結構來訓練骨盆。

骨盆腔乃雙側一起協調運作的。意思是，大腦必須同時協調及管理由身體兩側髖關節一起支撐起來的骨盆腔。因此，骨盆訓練的準備及支持重點在於：調節及穩定雙側骨盆活動的腦區。活化的部位尤其應該鎖定大腦裡的運動輔助區（第110頁）、舌頭以及呼吸，因為後兩者和骨盆腔在神經元連結及功能搭配方面的關係很緊密。橫膈膜兩側與骨盆兩側的動作大致都受到同步的調節與指令。關於準備骨盆訓練的指南，請見本章最後（第171-172頁）。大家可運用這份指南來簡化或加速已經學過的一些動作。

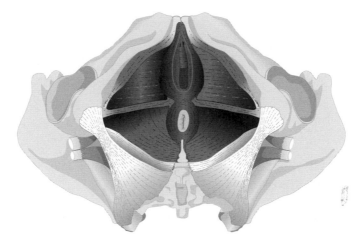

骨盆腔底部的肌肉層包覆著骨盆、支撐著內臟器官，並協助調節排泄過程。

　　為了讓大家容易練習，我們先將骨盆腔部的肌肉層分為兩部分：分別是表層以及 2.5 到 3 公分左右的內層。骨盆腔部的肌肉層又分為兩種走向，分別是連結左右坐骨粗隆的橫向肌肉層，以及連結尾骨及恥骨的縱向肌肉層。這只是方便大家想像，幫助大家比較容易瞭解骨盆肌肉收縮方向的描述。

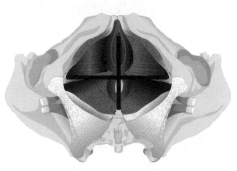
利用十字的形狀做為想像時之視覺輔助，以區分兩種不同走向的骨盆腔底部肌肉肌肉層。

請看圖裡面構成「十字」的兩條線。直的那條線，連接尾骨及恥骨；橫的那條線，連結兩邊的坐骨粗隆。大家可以試試看，從這四個端點將肌肉由外向內收縮，然後再由內向外放鬆。

大多數人通常不瞭解控制骨盆腔肌肉的方法，使得骨盆訓練困難重重。建議大家先在心裡做視覺想像；想像自己正在訓練骨盆肌肉，並下達明確的動作指令。運用十字的形狀，在想像中把骨盆分成兩個區塊；這樣會比較容易想像。以下是幾種簡單卻有效的練習動作，就算完全沒有經驗的新手也可以輕鬆做到。

放鬆也是強化骨盆腔肌肉的關鍵

骨盆腔訓練除了與自我感知有關，也不斷強調加強和改善肌肉功能。不過大多數人的骨盆腔肌太過緊繃，但這不代表就不需要訓練，而是要學會在訓練後再次放鬆骨盆腔。因此應該要在每次收縮運動後，花足夠的時間放鬆骨盆腔。剛開始放鬆時間應為收縮時間的 3 到 4 倍。

＞ 訓練表層：骨盆腔左右運動

輔助工具：瑜伽墊或舒適的墊子

先從躺著的方式練習從外向內收縮骨盆腔，這樣的基礎練習可以讓骨盆腔訓練更容易上手，使你更快學會控制骨盆腔。

仰臥，脊椎放鬆地拉直，雙腿抬起使膝蓋彎曲。確保脊椎處於中立位，不要彎曲得太深以至於腰椎突出，也不要將下背部壓到地板上。現在試著在骨盆腔肌上方的皮膚層上，將兩側的坐骨結節互相靠近，以收縮骨盆腔。確保你只收縮骨盆腔的最外層，不要緊縮臀部和大腿內側的肌肉（內收肌）。持續收縮這個區域 3 到 6 秒，然後花大約 10 到 20 秒完全放鬆骨盆腔。連續練習 3 到 8 次。

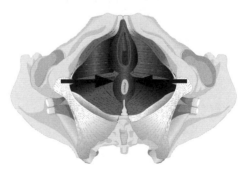

將左右兩側的坐骨結節向中間移動。

〉訓練表層：骨盆腔前後運動
輔助工具：瑜伽墊或舒適的墊子

　　仰臥，脊椎放鬆拉直，雙腿抬起使膝蓋彎曲。確保脊椎處於中立位，不要彎曲得太深以至於腰椎突出，也不要將下背部壓到地板上。試著在骨盆腔肌上方的皮膚層上，讓恥骨和尾骨互相靠近，以收縮骨盆腔的上層。確保你只收縮最外層，即骨盆腔的皮膚層。臀部或內收肌都不應緊縮。持續收縮這個區域 3 到 6 秒，然後花大約 10 到 20 秒完全放鬆骨盆腔。重複收縮和放鬆 3 到 8 次。

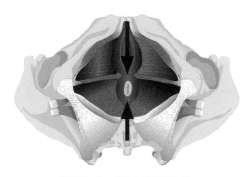

將恥骨和尾骨向中間移動。

〉訓練表層：鑽石式（骨盆腔前後左右運動）

這項練習是前兩項練習的結合。
你不僅要收縮橫向和縱向的骨盆腔
肌，還要使皮膚層上骨盆腔十字交叉
的所有四個角同時到達中間。

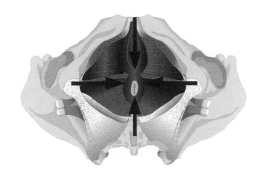

將兩側的坐骨結節以及恥骨和尾骨向
中間移動。

放鬆臀部和大腿

你需要花點時間才能學會單獨地控制並收縮骨盆腔的表層和內層。剛開
始訓練時，臀部和腿部內側通常會跟著一起緊縮，造成很難準確地收縮
骨盆腔肌。因此在練習時，務必保持臀部和大腿內側放鬆。

〉訓練內層：骨盆腔左右運動

　　仰臥，脊椎放鬆拉直，雙腿抬起使膝蓋彎曲。確保脊椎處於中立位，不要彎曲得太深以至於腰椎突出，也不要將下背部壓到地板上。試著用大約 3 公分深的較深層肌肉，讓坐骨結節互相靠近，以收縮骨盆腔，並向內和向上拉動骨盆腔。練習的關鍵是來自骨盆腔較深層的收縮。持續收縮 3 到 6 秒，然後花大約 10 到 20 秒完全放鬆骨盆腔。剛開始比較難去感受並控制深層的收縮。花點時間，慢慢來！

〉訓練內層：骨盆腔前後運動

　　仰臥，脊椎放鬆拉直，雙腿抬起使膝蓋彎曲。確保脊椎處於中立位，不要彎曲得太深以至於腰椎突出，也不要將下背部壓到地板上。試著用大約 3 公分深的深層肌肉，將恥骨和尾骨互相靠近，以收縮骨盆腔，並向內和向上拉動骨盆腔。收縮較深層的骨盆腔 3 到 6 秒，然後花大約 10 到 20 秒完全放鬆骨盆腔。剛開始比較難去感受並控制深層的收縮。慢慢來，沒有關係！

〉訓練內層：鑽石式（骨盆腔前後左右運動）

結合骨盆腔十字交叉的兩個方向，同時將兩個坐骨結節以及尾骨和恥骨向中間移動。這項練習也就是前面兩項練習的結合。將十字的四個角同時靠向中心。

〉收縮並放鬆整個骨盆腔

在你學會收縮和放鬆骨盆腔的表層和內層後，接下來要學習同時訓練這兩層，也就是收縮整個骨盆腔。這項練習需要更好的感知能力，因此請在你掌握基礎練習後，再做此練習。

仰臥，脊椎放鬆拉直，雙腿抬起使膝蓋彎曲。首先在兩個拉動方向上（前後左右）同時收縮骨盆腔的表層，接著收縮內層，持續 3 到 5 秒，然後再次完全放鬆。這兩層收縮的程度是否相同？兩層是否同時放鬆，還是有哪一層需要花更多時間？請你花點時間研究自己的感受，並試著感知這些重要方面。

〉區分骨盆腔肌

正如在基礎練習中所提到的，我們很難單獨訓練骨盆腔，並同時防止臀部肌肉和內收肌收縮。同樣的，當你使用臀肌或內收肌時，骨盆腔通常會過於活躍並且跟著一起緊繃。因此下一項練習將訓練你區分骨盆腔肌，把它與臀部和內收肌隔絕。首先收縮骨盆腔和臀部，然後單獨放鬆骨盆腔，只保持臀部緊繃。在你充分做過基礎練習，並且掌握了骨盆腔的放鬆技巧後，再做這項進階練習，因為它需要強大的區分能力，也因此對島葉有特別強烈的作用。

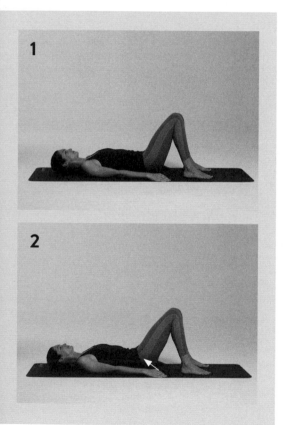

1. 仰臥，脊椎放鬆拉直，雙腿抬起使膝蓋彎曲。確保脊椎處於中立位，不要彎曲得太深以至於腰椎突出，也不要將下背部壓到地板上。

2. 開始收縮骨盆腔的內外層，並透過提臀，將臀部另外緊收。保持這個緊繃感5到10秒，然後繼續收縮臀部，同時緩慢地放鬆骨盆腔。完全放鬆骨盆腔後，再慢慢釋放臀部的張力。重複練習3到4次。

提醒：學會放鬆骨盆腔需要些時間，所以請花足夠的時間學習並定期練習，直到你掌握骨盆腔和周圍肌肉的重要區別。

〉變化式：骨盆腔訓練步伐式

步伐式的骨盆腔訓練是一項代表性練習，它可以同時訓練骨盆腔肌與臀肌的收縮和放鬆。

1. 採跨步站姿，雙腳分開的距離應夠寬，使兩腳腳跟緊貼地面，腿打直，重心放在雙腿中間，重量由兩隻腳均勻分擔。脊椎放鬆打直，呼吸保持平穩順暢。
2. 開始收縮骨盆腔的內外層和臀肌。保持這個緊繃感 5 到 10 秒，在收縮臀部時放鬆骨盆腔。完全放鬆骨盆腔後，也要放鬆臀部的張力。然後兩腿交換位置，重複收縮和放鬆。練習 3 到 4 次。

提醒：這項進階練習需要你對自己身體有很好的感知能力。

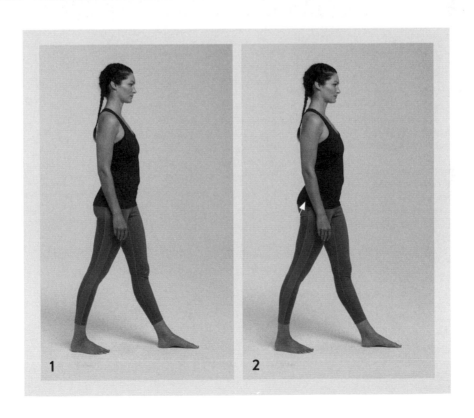

不同姿勢的骨盆腔訓練

有幾種方法可以讓骨盆腔訓練更有趣、更多變化式，那就是擴大控制收縮和放鬆，並融入到不同的新姿勢和動作中。深蹲或弓箭步蹲可以做為起始位置，好讓骨盆腔以各種方式適應特定的姿勢和情況，以便應對日常需求。在你以躺著的方式學會了基礎練習和區分骨盆腔肌之後，就應該以特定的姿勢訓練。你可以坐著、站著、深蹲、弓箭步蹲，或以瑜伽姿勢做練習。發揮你的各種創意！最重要的是使用不同的姿勢，以涵蓋各種動作。

骨盆腔訓練評量表			
練習	良好	中等／偏良好	有待評估
訓練表層：骨盆腔左右運動			
訓練表層：骨盆腔前後運動			
訓練表層：鑽石式（骨盆腔前後左右運動）			
訓練內層：骨盆腔左右運動			
訓練內層：骨盆腔前後運動			
訓練內層：鑽石式（骨盆腔前後左右運動）			
收縮並放鬆整個骨盆腔			
區分骨盆腔肌			
變化式：骨盆腔訓練步伐式			

骨盆腔訓練指南

骨盆腔訓練的基礎練習主要用來刺激島葉後端,而不同姿勢的練習和區分骨盆腔肌練習則可以額外活化島葉前端。因此這項訓練非常適合用於改善情緒調節、一般的內在體感能力、身心健康以及減輕壓力。另一方面,基礎練習可以改善消化系統問題,在整體上也有益於改善疼痛症狀,尤其是在身體核心。當然,每項練習都可以改善骨盆腔問題。

如本章開頭所述,刺激運動輔助區來改善肌肉的協調性和控制力,可以為骨盆腔訓練做準備,也是訓練成功的關鍵。特別有成效的組合是震動牙齒(第110頁)搭配雙手協調運動,像是雙手輪流張開握緊(第111頁)和轉動雙手腕關節(第112頁)。跟呼吸訓練一樣,第5章的舌頭練習以及透過漱口(第193/194頁)和吞嚥(第194/195頁)來刺激咽部,也很適合組合起來練習。再次提醒,你可以在這個不容易訓練的骨盆腔區域使用各種神經輔助工具和輔助練習,讓訓練更輕鬆,效果更持久。

呼吸和骨盆腔在神經元層面上和功能上密切相關,因此你可以在呼吸訓練後做骨盆腔訓練,或者在做骨盆腔訓練之前,快速地做1到2分鐘你喜歡的呼吸練習,第131頁的3D呼吸特別適用。

做為主要訓練項目

我們建議你先將骨盆腔訓練做為主要訓練項目,以達到預期的改善和效果。在你熟練地掌握骨盆腔訓練的每項練習後,就可以用它們來改善一般的內在體感能力。在後面段落將要詳細說明,如何結合有良好效果的練習和內在體感其他方面的練習,以獲得廣泛的內在體感訊息。請花2到5分鐘做呼吸訓練和活化運動輔助區練習,來準備骨盆腔訓練。接下來的訓練單元要持續約10分鐘,每天至少練習一次。剛開始,請你先只做基礎練習,並遵循書中給予的順序,花數週來完成所有練習。

在你熟練掌握骨盆腔訓練之後,就可以開始做進階練習,例如以不同的姿勢

做區分和整合練習，一樣請先按照給定的順序做訓練。在你掌握難度較高的練習後，就可以自行來回切換練習。但我們還是建議你定期做基礎練習。

做為內在體感訓練的一部分

如果想要透過骨盆腔訓練來提升總體的內感受能力，建議在結束舌頭或呼吸訓練後，納入 3 到 4 分鐘的骨盆腔練習。每次只練習一個面向，大約每週替換一次。這樣你會有足夠的時間改善這些較不容易做好的訓練。

骨盆腔訓練指南		
用途	訓練方法	效果
做為主要訓練項目	**準備練習** 1 到 2 項下列中有良好效果的練習： • 震動牙齒 • 雙手輪流打開握緊 • 轉動雙手腕關節 • 舌頭練習 • 活化口腔 • 3D 呼吸 **主要練習** • 多項有良好或中等效果的練習 • 從基礎練習開始 • 10 到 15 分鐘 • 每天 1 到 2 次 • 訓練為期 4 到 6 週	基礎練習 • 活化島葉後端 • 可以改善： 　■ 骨盆腔問題 　■ 消化系統問題 　■ 疼痛症狀（尤其是身體核心部位） 區分骨盆腔肌和變化式：骨盆腔訓練步伐式 • 活化島葉後端和前端 • 可以改善： 　■ 一般內感受能力 　■ 壓力 　■ 身心健康 　■ 情緒調節
做為內在體感訓練的一部分	• 多項有良好效果的練習 • 1 到 2 分鐘 • 每天 2 到 3 次	

5

舌頭與咽喉

舌頭如何影響迷走神經與內在體感

　　絕大多數人完全不知道，舌頭對於腦部及神經系統究竟有多麼重要。因此，自然也就不懂得去重視舌頭對於健康的影響。事實上，仔細想想，舌頭和呼吸、進食、說話、臉部表情以及穩定下顎頭頸部等等都有關聯。對於內在體感功能而言，舌頭的重要不可言喻。基於神經元觀點，我們應該高度重視舌頭對於內在體感的影響。

　　身體的每個部位在腦部都有對應負責該功能的區域。意思是，不同的腦區負責處理來自身體不同部位傳遞過來的訊息。負責處理舌頭及口腔訊息的腦區不僅數目多，面積也大；因為它們必須處理包括運動以及感覺兩大方面的訊息。這些訊息會刺激對應腦區，然後讓腦部大面積地活躍起來。另外，舌頭上還有許多不同類別的味覺接收器；對內在體感而言意義相當重大。關於味覺，可以回顧本書第 3 章的討論（參考第 97-99 頁）。

　　再者，舌頭的功能受到很多腦部神經的支配與調節；這些神經同時也負責調節自律神經功能，例如迷走神經就是其中一員。因此，只要迷走神經被訓練得越好，舌頭傳送到島葉的訊息就會越清楚，島葉就越容易執行它的任務。除此之外，亦可透過其他方式來做舌頭訓練，以打造優質的內在體感功能。首先，舌頭

屬於器官,位於人體之內。就其接收訊息的先天特徵而言,本來就隸屬於內在體感範疇。透過舌頭運動,即可活化腦部的運動輔助區。變活躍的運動輔助區,便可成為內在體感訓練的重要基礎。之前曾稍微提過對應舌頭的運動及感覺訊息的腦區。它直接位於島葉上方,直接位於與島葉的交界處。對應舌頭訊息的腦區既然這麼靠近島葉,進行舌頭訓練之後,對應腦區自然會積極動起來,處理來自舌頭的運動與感覺訊息。這有助於促進對應腦區裡的血液循環,並提高相關神經元的功能。上述這些正向的神經生理變化也會影響鄰近的島葉;例如島葉部位的血液循環會得到改善,來自舌頭的訊息直接進入島葉後端之後,促使島葉後端也變得活躍了起來。舌頭訓練能帶來很棒的效果,至少有助於改善消化問題以及骨盆問題。

上一段提過,舌頭訓練能夠活化腦部的運動輔助區。運動輔助區變得活躍之後,還能夠後續提升骨盆訓練的效果。另外,只要舌頭訓練到位,不僅能夠提高腦部對於眼睛動作的感知與控制,亦可輔助人體的平衡功能。內在體感過程的調節與控制很多都和視覺及平衡系統有關,尤其是後者(見第 3 章,第 72-73 頁)。上述內容強調的是:舌頭與內在體感之間的交互關係。除此之外,腦幹裡有個負責調節呼吸、心跳與肌肉收縮的區域;舌頭的感覺與動作甚至能夠活化這個腦區。這對內在體感而言無異於另一項加分。從舌頭傳送至腦部的訊息不僅可以讓許多不同腦區的神經元活躍起來,也會提高腦部對於個體所處複雜環境裡的適應能力。

舌頭訓練的結構如下:首先,透過特別的刺激來改善舌頭感覺的感官。接著,練習舌頭肌肉的協調,並強化舌頭肌肉。因為舌頭能做出許多不一樣的動作,所以我們提出很多不同的練習動作,希望能夠涵蓋所有的可能性。最後,則是練習舌頭肌肉的伸展。

透過刺激,改善舌頭的感覺能力

首先,我們要透過感覺刺激來訓練舌頭。完成這項準備訓練之後,才開始做

後續的舌頭練習。大家會發現，自己舌頭的動作變靈敏流暢了許多。刺激舌頭的練習也會訓練到咽喉部位，因為當我們在哼歌、漱口、吞嚥的時候，同時會運用到舌頭及咽喉。舌頭受過訓練之後，咽喉部位的訓練通常就顯得輕而易舉。

對於所有舌頭練習的提醒

做舌頭練習時，請盡量不要用到下顎。而且，練習時宜保持頭頸及臉部肌肉放鬆。

〉用震盪棒刺激舌頭感覺

輔助工具：震盪棒或電動牙刷

我們可以藉助第 3 章中介紹的震盪棒（第 108 頁）來刺激舌頭，快速觸發大量感官訊息。這項器材專門為口腔而開發，具有特殊的表面結構，可以用來訓練和刺激舌頭的感覺系統。另外，震盪棒除了能刺激感官知覺特殊的表面結構，還會給予強烈的震動，可以大面積地刺激舌頭。特別是刺激舌頭的後三分之一，可以大大改善內感受能力，因為該區受迷走神經支配。

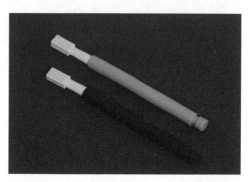

專門為口腔開發的震盪棒，可以改善內在體感能力。

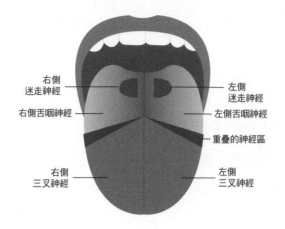

許多不同的神經掌管著舌頭的功能。舌頭的後側屬於迷走神經負責的範圍。

1. 採站姿或坐姿皆可,脊椎放鬆打直。頭部、頸部和臉部都放鬆,保持呼吸平穩順暢。現在嘴巴微張,先將震盪棒放在舌尖的右側。

2. 從這裡開始慢慢向後移動。然後換舌頭的左側,一樣從前向後刺激。專注於舌頭震動的感覺。哪裡震動的感覺特別明顯?哪裡感覺比較不明顯?重要的是,你要時常檢查,並且比較舌頭的哪個區域感覺較好或較差。同一個區域受到連續相同的震動刺激,會使受器很快疲勞,因此每過 10 到 15 秒就要刺激新的區域。不要施加太大的力道,震動的感覺不應該造成不適。你還可以專注於表面結構的感覺。感受不同的結構一方面可以提高練習時的專注力;另一方面,你會體驗到額外的刺激,訓練也會變得更有成效。

〉變化式：刺激口腔

不僅舌頭可以藉震動做感官準備，你還可以在上顎和臉頰區域做感覺刺激，這對接下來的咽部訓練特別重要。

將震盪棒放在嘴裡，從後向前慢慢撫過右臉頰，接著換左臉頰。與舌頭刺激一樣，比較左右兩側的感知能力。最後用震盪棒慢慢撫過上顎。注意，不要施加太大的力道，將震盪棒沿著上顎向後探入時，不應觸及深處而造成不適。你還可以在練習時集中注意力去感受表面結構，以獲得更好的訓練效果。

〉滾動骰子

代替震盪棒刺激舌頭的方法是使用骰子、小球或類似物品（前提是不會有吞嚥的危險），以同時達到感覺上和運動上的刺激。這項練習的目的是感受各種物體的性質和結構，並在嘴巴中透過舌頭來移動這些物體。

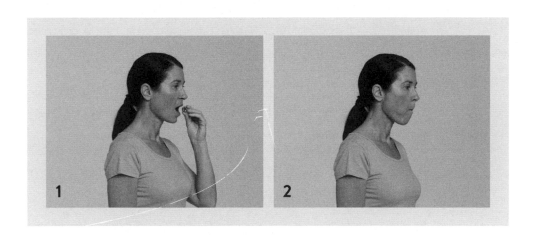

1. 採站姿或坐姿皆可，脊椎放鬆打直。脖子、喉嚨、下巴和臉部放鬆，將骰子、彈珠或其他沒有尖銳邊緣的小物體放在嘴裡。
2. 慢慢地在嘴裡來回滾動物體 2 到 3 分鐘，同時用舌頭、上顎和臉頰感覺它的形狀、表面和結構。慢慢來！重要的是專注在感知和摸索物體上。舌頭兩側對物體的感覺一樣好嗎？嘴裡的每個地方都能輕易地移動物體嗎？你可以時不時替換練習的物品，不斷引起自己的注意力。

協調舌頭

改善舌頭運動是本書中舌頭訓練的主要內容。如開頭所述，舌頭的活動範圍很廣。你協調舌頭的能力越好，使它能在最大的範圍內移動，你從這個重要器官獲得的訊息就越豐富且越有價值。剛開始做舌頭訓練會非常費勁，所以可以在訓練過程中安排足夠的休息和恢復時間。

你只需要慢慢且謹慎地訓練舌頭，不用過度練習。先從練習舌頭的基本位置開始，接下來隨著逐項的練習，會需要越來越多的協調和控制，使你逐漸掌握正確的技巧。在你熟悉基礎練習後，可以試著使用節拍器，為你的動作帶來節奏感，讓你更能夠集中注意力。還可以刺激額葉、腦幹和中腦的重要區域，讓舌頭訓練更有成效。

〉採用正確的舌頭位置

舌頭訓練的基礎練習是在口腔中使用正確的舌頭位置，以改善呼吸模式，使呼吸功能更佳，刺激重要的腦神經，並增加島葉的血液循環和活動性。還有助於改善頸部和身體的肌肉緊繃，進而顯著提升頭部和頸部的穩定性。它也是一項簡單的訓練輔助方法，有益於改善你的內在體感能力。在你掌握舌頭的基本位置後，就可以將它應用在呼吸訓練以及吞嚥（第 194/195 頁）或漱口（第 193/194 頁）。我們也建議在平衡訓練和頸椎鬆動術中，使用正確的舌頭位置來提升練習效果。

採站姿或坐姿皆可，脊椎放鬆打直。頭部、頸部和下巴放鬆，呼吸保持平穩順暢。現在用舌尖觸碰前門牙。從這裡開始，將舌尖向後往喉嚨移動，直到大約一公分後，你會感覺到上顎有一個凹陷處。將舌尖放在這個凹陷處，並輕輕地將整個舌頭向上貼在上顎，然後向前推，但不會出現明顯的外部運動。舌頭不應該扭轉或挪動，而應兩側平放。注意保持臉部和下巴放鬆，並試著盡可能不出力地保持舌頭的位置。

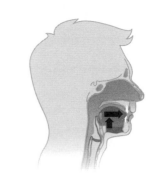

〉舌頭繞圈

舌頭繞圈是最簡單有效的舌頭練習。你可以在這項練習中用舌頭快速地大量活動，同時活化並協調舌頭肌肉。

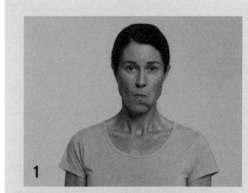

1. 採站姿或坐姿皆可，脊椎放鬆打直。放鬆脖子、臉部和下巴。呼吸保持平穩順暢。闔上嘴巴，雙脣微微貼著，並把舌尖放在門牙的前面。現在開始在閉著的嘴脣後面用舌頭繞圈。

2. 順時針和逆時針各繞圈 6 到 10 次。專心並緩慢地控制你的舌頭運動。專注舌頭、嘴脣和牙齒在繞圈時的感覺。試著逐漸使舌頭繞的圈越來越大，並用舌根做繞圈運動。

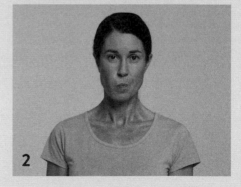

〉擺動舌頭

　　你可以藉助擺動舌頭練習，訓練舌頭的移動範圍。與舌頭繞圈相比，這項練習需要更高的精確度、控制力和更集中的專注力，不僅為你的訓練帶來了新的挑戰，還能夠更廣泛地刺激島葉。

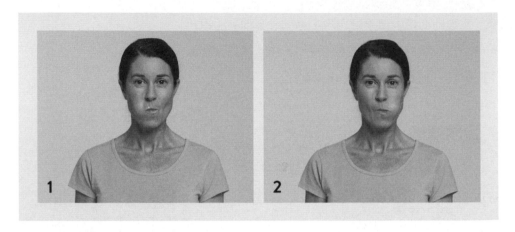

1. 採站姿或坐姿皆可，脊椎放鬆打直。放鬆脖子、臉部和下巴，保持嘴唇輕輕閉合，但上下排牙齒稍微分開。呼吸保持平穩順暢。將舌頭伸向右臉頰。
2. 舌頭在口腔內左右來回移動，碰觸兩頰內側，重複做 20 到 40 次。確保舌頭在練習過程中保持水平，既不傾斜也不捲曲。想像你的舌頭是一個托盤，千萬不可以翻倒！

提醒：感知舌頭位置是這項練習的重點。如果你能保持舌頭放鬆並平行，那麼可以試著改變運動速度和臉頰壓力。

〉伸縮舌頭

　　與擺動舌頭類似，伸縮舌頭是提升舌頭感知和協調能力的有效練習。你需要更加精確的控制，來保持舌頭平行且對稱地前後來回伸縮，並且順利地運動。

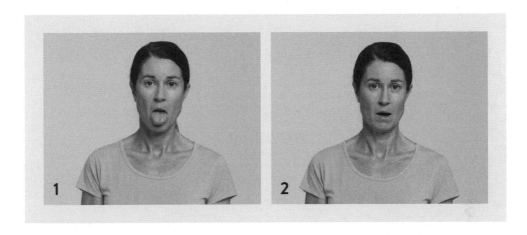

1. 採站姿或坐姿皆可，脊椎放鬆打直。放鬆頸部、頸椎、下巴和臉部。呼吸保持平穩順暢。現在稍微張開嘴巴，舌頭盡可能地向前伸出。
2. 然後將舌頭盡可能地向後縮回喉嚨。在練習過程中，舌頭要保持平行、寬而平穩地前後伸縮，不應捲曲或向上、向下或側向偏移。你要在這項練習中費點勁控制舌頭肌肉，請在一開始多練習，並對著鏡子檢查伸縮動作和舌頭的位置。

強化舌頭

　　除了良好的協調性和動作控制能力外，加強舌頭肌肉力量也是改善舌頭功能的重點。舌頭可能會因為下述情況而並非各個區域均勻有力，例如：受傷、慣用單側、下巴輕微錯位，或由於神經元的因素，像是肌肉張力的調節或是支配舌頭的腦神經功能受限。接下來將介紹一些簡單的練習，以強化舌頭肌肉的重要區域。

〉強化舌頭肌肉 1：從前方施加力量

所需工具：小木棒

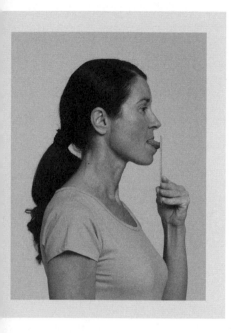

　　採站姿或坐姿皆可，脊椎放鬆打直。放鬆脖子、喉嚨、下巴和臉部。呼吸保持平穩順暢。現在伸出舌頭。拿一個扁平的物體（例如小木棒），將它從前方輕輕地壓在伸出的舌頭上 2 到 5 秒。切記，施加的力道不應該使舌頭的形狀改變。然後完全放鬆舌頭，連續練習 5 到 6 次。

〉強化舌頭肌肉 2：從上方和兩側施加力量

所需工具：小木棒

1. 採站姿或坐姿皆可，脊椎放鬆打直。放鬆脖子、喉嚨、下巴和臉部。呼吸保持平穩順暢。現在伸出舌頭。拿一個扁平的物體（例如小木棒），從上方輕輕壓在舌頭上 2 到 5 秒。切記，施加的力道不應該使舌頭的形狀改變，或造成舌頭移動。
2. 將小木放在舌頭的右側，對舌頭施加力道 2 到 5 秒。
3. 接著換左側，用小木棒從側面輕輕按壓舌頭 2 到 5 秒。然後完全放鬆舌頭，重複練習 5 到 6 次。

提醒：也可以讓每個方向單獨測試和訓練，並多加練習那些產生較少肌肉張力的方向。

伸展舌頭

跟其他組織一樣，舌頭可以適應它所承受的常規壓力。所以當某些區域承受的壓力較大，而其他區域承受的壓力較小時，舌組織就會改變並做出具體的調整。主動和被動伸展舌頭可以改善舌頭緊繃且較不易運動的區域。定期做這樣的練習，以從舌頭的各個受體獲得最佳訊息，改善其功能。一方面可以刺激只對張力產生反應的特定受體；另一方面，拉伸筋膜組織層會放鬆整個組織連結，改善其功能，特別對頸部的穩定性以及下巴的位置和運動有很大的影響。接下來將介紹兩項簡單的練習，以訓練舌頭的移動範圍。

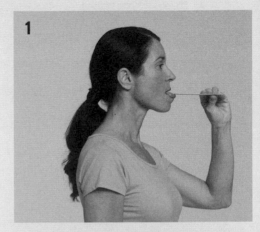

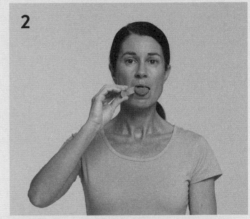

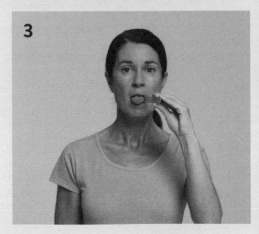

〉主動伸展舌頭

　　主動伸展舌頭是非常有成效的舌頭運動。將舌頭置於第 180/181 頁所述的基本位置。當舌頭在原位時，張開嘴巴就可以觸發拉伸運動。除了可以主動拉伸舌根和相關筋膜結構外，還可以刺激特定的受體，增強舌頭的特定肌肉。此外，這項練習需要對舌頭的感知和控制能力，並促進這兩項能力。

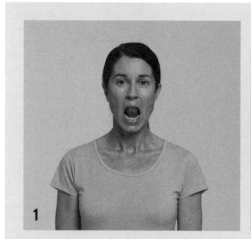 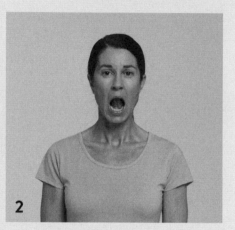

1. 採站姿或坐姿皆可，脊椎放鬆打直。放鬆頭部、臉部和脖子，呼吸保持平穩順暢。將舌尖對稱地碰到上顎的第一個凹痕。從這個位置開始，輕輕地將整個舌頭向上貼在上顎，然後再慢慢地向前推，但不會出現明顯的外部運動。舌頭不應該扭轉或挪動，而應兩側平放。

2. 在不改變舌頭位置的情況下，盡量張大嘴巴。小心控制並緩慢地重複練習 8 到 10 次。確保舌頭對稱地貼在上顎，並試著直直向下打開嘴巴，不向左右偏移。

〉被動伸展舌頭

輔助工具：薄布

　　除了主動伸展舌頭外，你也可以讓舌頭被動地伸展。被動伸展用多種方法來拉伸舌頭的不同部位和結構。接下來將示範如何輕鬆拉伸舌頭最重要的區域，而你只需要一塊布來做這項練習。舌頭非常敏感細膩，因此請緩慢仔細地做這項伸展運動。花些時間去感受這個敏感區域的緊繃。

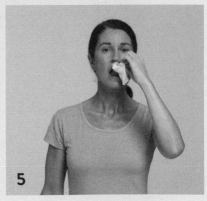

1. 採站姿或坐姿皆可，脊椎放鬆打直。盡量放鬆脖子、下巴和臉部，呼吸保持平穩順暢。單手拿著布，張開嘴巴，用拇指、食指和中指平穩地抓住舌頭。

2. 將整個舌頭輕輕向前並稍微向上拉，以至於你能感覺到舌根有輕微拉伸。剛開始練習時，保持這個拉伸姿勢 30 到 60 秒，之後再將拉伸時間逐漸延長至 2 到 5 分鐘。

3. 然後將舌頭從中間稍微向右拉出。

4. 再從中間向左拉出。

5. 最後將舌頭稍微向上拉伸。如果你感覺某個位置有更大的拉伸張力，則應該將拉伸時間延長一些，在這個位置拉伸舌頭 30 秒到 5 分鐘。你可以重複整個練習 2 到 3 遍。

舌頭訓練評量表			
練習	良好	中等／偏良好	有待評估
透過刺激改善舌頭感知			
刺激舌頭感覺			
變化式：刺激口腔			
滾動骰子			
協調舌頭			
採用正確的舌頭位置			
舌頭繞圈			
擺動舌頭			
伸縮舌頭			
強化舌頭			
強化舌頭肌肉 1：從前方施加力量			

強化舌頭肌肉 2：從上方和從兩側施加力量			
伸展舌頭			
主動伸展舌頭			
被動伸展舌頭			

舌頭訓練指南

　　舌頭訓練有多種用途。第一，它可以做為單獨的主要訓練項目，花數週訓練內在體感。舌頭訓練能特別強烈刺激島葉後端，因此有益於改善消化系統問題和骨盆腔問題。密集做訓練還可以改善身體核心的穩定性，並對呼吸、聲音訓練和頭部跟頸部的穩定有很好的成效。如果你在舌頭訓練中得到良好成效；或者相反地，在訓練時遇到困難，都應該專注訓練內在體感大約 3 到 6 週，以便持續刺激島葉，並從良好成效中受益。

　　第二，你可以將舌頭訓練做為內在體感整體訓練的一部分，把舌頭練習融入日常生活中，每天多次練習，就可以達到良好效果。相當有益於改善總體健康狀況和內感受能力。

　　第三，舌頭訓練做為內在體感訓練其他方面的準備練習也特別有效。實踐證明，這種強烈且新穎的刺激能大大提升訓練成效和持久性。

做為主要訓練項目

　　你會發現訓練舌頭肌肉比一開始想像的還要費力，而且需要更集中的專注力。因此剛開始的訓練時間只需要每天花個幾分鐘。從每次 3 到 5 分鐘開始，一天 3 到 4 次，之後逐漸增加訓練時間，達到每天總共 20 到 30 分鐘。

　　實踐證明，透過「感覺」來訓練舌頭的感覺非常有效。你可以先做刺激舌頭感覺或滾動骰子當作準備，這能讓你做後續的舌頭訓練更精確有效率。接著做協

調和強化舌頭肌肉練習。可以先從舌頭繞圈開始，密集且全面地刺激舌頭肌肉。然後從協調舌頭或強化舌頭中選擇 2 到 3 項有良好或中等效果的舌頭練習，花上幾分鐘練習。最後也可以做主動或被動伸展舌頭。你可以隨意替換練習，讓訓練多樣化。請花數週時間做舌頭訓練，以獲得最佳成效。

做為內在體感訓練的一部分

我們建議你在訓練舌頭肌肉前做感官準備，以獲得最佳效果。但你也可以不做準備，就直接將舌頭訓練融入日常生活中。選擇在協調舌頭、強化舌頭和伸展舌頭中有良好效果的不同練習，每天做 2 到 3 次，每次 1 到 2 分鐘。

做為其他訓練的準備練習

舌頭訓練提供強烈且新穎的刺激，可以為平衡訓練、呼吸訓練和骨盆腔訓練做準備。請選擇 2 到 3 項有良好效果的舌頭練習，並在做其他訓練之前練習 30 秒到 1 分鐘。10 到 20 秒的快速感覺刺激也可以使訓練有效。

舌頭訓練指南		
用途	訓練方法	效果
做為主要訓練項目	**感官準備練習** 1 到 2 項下列中有良好效果的練習： • 刺激舌頭感覺 • 滾動骰子 **整體活化練習** 舌頭繞圈，順時針和逆時針各繞 5 到 15 圈 **主要練習** • 2 到 3 項協調舌頭和強化舌頭中有良好效果的練習 • 2 到 4 分鐘（可以搭配節拍器練習） • 視你所需，將一項伸展舌頭練習做為結尾 • 剛開始每次練習做 3 到 5 分鐘，每天 3 到 4 次 • 之後總訓練時間調成每天 15 到 20 分鐘，分成 2 到 3 個小單元 • 訓練為期 3 到 4 週	• 強烈活化島葉後端 • 「協調舌頭」和「強化舌頭」這兩個方面的練習能額外活化島葉前端 • 可以改善： 　▪ 消化系統問題 　▪ 骨盆腔問題 　▪ 內感受能力 　▪ 整體身心健康和表現 　▪ 活化運動輔助區可以改善身體核心和姿勢的穩定性
做為內在體感訓練的一部分	• 1 到 3 項有良好效果的練習 • 1 到 2 分鐘 • 每天 2 到 3 次	
做為其他訓練的準備練習	• 2 到 3 項有良好效果的舌頭練習 • 每項做 30 到 60 秒	特別適合做為下列訓練的準備練習： • 平衡訓練 • 呼吸訓練 • 骨盆腔訓練

刺激咽部迷走神經

咽喉區域的迷走神經不只分布在舌頭，其他的迷走神經分支位在口腔和喉嚨的後端。與舌頭的情況類似，大量的咽部訊息都儲存在大腦中，並由它處理。而口腔和喉嚨，跟舌頭一樣是內部結構，因此咽部訓練是訓練內在體感的重要基礎。

通過咽部到達島葉的訊號主要在島葉後端處理，因此你可以利用這項訓練來改善身體問題，特別是消化問題。透過簡單的日常練習（例如漱口、哼唱、吞嚥和感知液體溫度）可以刺激口腔的後端和喉嚨深處。

〉哼唱

哼唱可以強烈刺激口腔和喉嚨的後端深處區域以及迷走神經。你可以隨時隨地練習，以活化並改善這一方面的內在體感。哼唱達 10 分鐘以上會刺激到副交感神經，並有助於減輕焦慮。此外，哼唱也會帶來樂趣，像是在早晨上班途中，你可以跟著收音機的歌曲哼唱，或是在淋浴時利用哼唱來刺激島葉。善用時間練習並發揮你的創意。基本上，你要按照第 180/181 頁中說明的舌頭基本位置哼唱。

採站姿或坐姿皆可，脊椎放鬆打直，呼吸保持平穩順暢。微縮下巴，讓鼻子朝下 1 到 2 公分。請採用正確的舌頭位置（第 180/181 頁）。從這個位置開始，持續哼唱 10 到 30 秒。如果你剛開始會時不時中斷，然後又得重新開始。不用擔心，這是正常現象，隨著練習就會改善。

將注意力轉到喉嚨後端，感受哼唱的震動。左右兩側的震動感覺是否相同？

你是否感覺有一側產生的聲音比另一側多？如果你在一側感覺到更明顯的震動，請集中注意力在震動較少的一側。

〉變化式：用不同的音調哼唱

哼唱可以有很多種變化，例如改變哼唱時的音調。照著前一項的哼唱練習，但是現在用降低或升高音調來做些改變。改變聲音和音調訓練咽部輕鬆有趣，這也是活化迷走神經分支最簡單有效的方法。

〉漱口

輔助工具：一杯水

與哼唱類似，漱口也會產生強烈的內感受刺激。一方面因為迷走神經參與執行漱口運動，另一方面，在漱口時會感知到水，例如水的流動、濃度和溫度，也是一種內感知過程。這項練習聽起來很簡單，卻很多人不容易做到。如果你覺得這項練習不如預期的那樣簡單，我們建議你在做漱口練習前，透過下列的練習來為口腔後端以及參與漱口運動的肌肉和神經結構做準備，你可以做 20 到 30 秒的舌頭繞圈、刺激舌頭感覺、哼唱或震動牙齒。

1. 採站姿或坐姿皆可，脊椎放鬆打直，呼吸保持平穩順暢。喝一小口水，然後含在嘴巴。

2. 抬起頭開始漱口，持續 10 到 20 秒。如果你會時不時中斷，然後又重新開始，這沒有關係。要注意的是，練習時頭部後仰的角度讓你覺得舒適。等你較熟練後，就把注意力轉移到漱口本身的感知上：注意左右兩側漱口的感覺是否相同？哪一側有較多的漱口運動？如果你發現主要是從喉嚨的某一側發動漱口，請多試著用另一側來控制它。

〉變化式：用不同的水溫漱口

輔助工具：多杯裝有不同溫度的水

在這項變化式中要使用不同的水溫接連漱口。感知不同的溫度可以更強烈刺激你的「感覺方面」，因此你可以同時訓練動作、協調能力和對溫度的感知，並額外刺激島葉。請確保練習時使用的水溫不會造成你的不適。

準備溫水和冰水各一杯。採站姿或坐姿皆可，脊椎放鬆打直，呼吸平穩順暢。從第一杯喝一小口水，然後含在嘴巴。現在抬起頭開始漱口，10 到 20 秒後再吐出，然後換第二杯水。專心感受水在喉嚨內的流動和溫度，要讓喉嚨兩側都能感覺到水溫的不同。喉嚨左右兩側對水的冷熱感知相同嗎？是否有一側較不易感知溫度？如果左右兩側的感覺有差異，請集中注意力在較不易感知溫度的那一側。

〉吞嚥

輔助工具：一杯水

吞嚥跟哼唱以及漱口一樣，是一個特別強烈的內在體感。跟漱口一樣，許多人在吞嚥時會遇到相當大的困難。正常情況下，你應該隨時都能夠做連續 4 到 5

次快速的「乾吞嚥」而不會有太大的困難，也就是說，你能在沒有液體的情況下吞嚥嗎？我們建議先從比較簡單的吞嚥液體練習開始。如果你發現自己有吞嚥困難，可以先試著做 20 到 30 秒的舌頭繞圈、刺激舌頭感覺、哼唱或震動牙齒來準備這項練習。並且請你使用正確的舌頭位置做吞嚥練習。

1. 採站姿或坐姿皆可，脊椎放鬆打直，呼吸保持平穩順暢。含一小口水在嘴巴中。如果你已經練習過正確的舌頭位置，就以這個方式練習。

2. 試著把嘴巴中的水分成很多小口吞下，總共大約 10 到 20 口。等你較熟練後，還應該注意水感覺起來如何，以及喉嚨左右兩側參與吞嚥過程的感覺，是否有一側較強烈或較微弱。如果你發現有一側的吞嚥能力較差，請試著將這一側整合到吞嚥動作中。

活化咽部練習評量表			
練習	良好	中等／偏良好	有待評估
哼唱			
變化式：用不同的音調哼唱			
漱口			
變化式：用不同的水溫漱口			
吞嚥			

活化口腔和咽部迷走神經訓練指南

內在體感訓練的口腔和咽部方面，跟舌頭訓練一樣，可以根據目標分成三種方法訓練：做為訓練的主要內容、做為全面內在體感訓練的一部分，或做為其他訓練的準備練習。刺激咽部迷走神經的分支可以刺激島葉後端，因此將咽部練習做為單獨的訓練特別適合改善身體症狀，尤其是消化系統問題。如果你專注在哼唱練習，會影響到副交感神經，也可以減輕焦慮感和抑鬱情緒。

你還可以把咽部練習做為內在體感訓練的一部分，以小單元的方式分批練習，再加上內在體感其他方面的訓練，以達到每天的總訓練時間為 20 到 30 分鐘。當然，你也可以利用咽部練習的效果，來為其他主要訓練項目做準備。

做為主要訓練項目

經實踐證明，在活化咽部迷走神經之前，先做準備感官練習會非常有效。你可以先用震盪棒刺激口腔和咽喉，或者做一到兩項特別適合你的舌頭練習。另外，震動牙齒 10 到 20 秒也非常有幫助。這些練習會讓之後的咽部協調訓練更容易。接著馬上做有良好或中等效果的活化咽部練習，每天重複訓練 2 到 3 遍。你可以隨意地變換練習，讓每次訓練都有新的變化。咽部訓練應該跟舌頭訓練一樣，為期 3 到 4 週，以達到最佳的持久效果。

做為內在體感訓練的一部分

你也可以直接將咽部練習融入日常生活，而無需做任何感官準備練習。每天只要做一項咽部練習，持續 1 到 2 分鐘，每天 2 到 3 次。刷完牙後用溫水漱口，或是在淋浴時或通勤時哼哼歌。你還可以養成習慣，用正確的舌頭位置喝下每杯飲料的第一口。

做為其他訓練的準備練習

咽部練習很適合做為舌頭訓練和骨盆腔訓練的準備練習。選擇兩到三項刺激

咽部的練習，在做其他訓練之前先練習 30 到 60 秒。

活化口腔和咽部迷走神經訓練指南		
用途	訓練方法	效果
做為主要訓練項目	**感官準備練習** 花 1 到 2 分鐘做下列中的一項練習： • 刺激舌頭感覺 • 刺激口腔的變化式 • 震動牙齒 • 1 項有良好效果的舌頭練習 **主要練習** • 2 到 3 項有良好效果的練習 • 3 到 5 分鐘（剛開始時 2 到 3 分鐘） • 每天 2 到 3 次分批練習 • 訓練為期 3 到 4 週	• 活化島葉後端 • 可以改善： 　■ 消化系統問題 　■ 焦慮感和抑鬱情緒，長時間哼唱特別有成效
做為內在體感訓練的一部分	• 1 到 2 項有良好效果的練習 • 1 到 2 分鐘 • 每天 2 到 3 次	
做為其他訓練的準備練習	• 2 到 3 項有良好效果的練習 • 每項做 30 到 60 秒	特別適合做為下列訓練的準備練習： • 舌頭訓練 • 骨盆腔訓練

6

加上觸覺、聽覺、視覺訓練，
打造完備的內在體感系統

每一種感官感覺都重要

　　究竟感官感覺對於我們的日常生活、能力表現以及健康有多麼重要呢？這個答案恐怕「只有等到失去了，方才了解它的好」。現代人的生活型態讓一些感官功能逐漸萎縮；這完全不利於體感系統的運作以及腦部的訊息處理任務。本書第 1 章提過，人類腦部的神經系統在對整體情境做出判斷與因應之前，需要很多訊息，包括來自環境的訊息、人體動作的訊息、內在體感訊息等。在某個情境之下，身體究竟需要由正交感神經來主導呢？還是應該由副交感神經來負責？所以，這些情境訊息也必須傳達至正副交感神經系統。讀者們，你們還記得嗎，自律神經系統的調節，倚靠的就是島葉的指令。

　　這些相關議題相當複雜，本章特別探討如何透過觸覺及聽覺來強化內在體感功能，並分享如何透過眼部紓緩運動來啟動副交感神經系統。本章提及定位與分辨聲音訊號、感覺按壓與溫差等議題。在現代人的生活當中，這些刺激經常顯得不夠充足。唯有改善這個現象，方可讓足夠的觸覺、聽覺、視覺訊息等內在體感訊息順利進入島葉，讓島葉活躍起來，然後再回過頭來提高內在體感系統的表現。當各個感官器官接收到的訊息被處理分析之後，方可提升內在體感功能、加強能力表現，並且促進健康。

本章將為大家介紹這些特別領域的感官感覺，它們的訊息會直接影響島葉活躍程度，亦即能夠直接提高內在體感功能。其中之一就是透過感覺冷熱溫差、皮膚上的觸壓以及臟器壓力，來活化所謂的「C型神經纖維」。C型神經纖維的末梢比較特別，能夠傳送許多不同類別的神經訊息。就像迷走神經一樣，C型神經纖維會將大量的感官訊息傳送至島葉後端。因此，能夠強而有力地活化這個腦區。

接著，本章將談一談定位與分辨聲音訊號的議題。關於聽覺定位與分辨的訊息會被傳送至島葉中端，然後就在島葉中端進行訊息的處理工作。這些過程能夠提升島葉統整訊息的能力，亦可一併帶出內在體感的訓練效果。最末，本章將告訴你如何透過簡單的動作來放鬆眼睛，並進一步啟動副交感神經系統。學會這一招的人，可以輕輕鬆鬆又快速地為自己減輕壓力。

感覺溫差

對人體而言，體溫調節是非常重要的一件事。體溫調節屬於自主功能；如果沒有這項能力，人類不可能繼續活下去；因為它是維繫體內所有新陳代謝功能正常的先決條件。本書第1章提過，島葉後端有一個所謂的「溫度感覺皮質」；透過皮膚上的溫度接收器，它會收集與溫度有關的訊息並加以分析。從島葉負責的任務來看，它一併掌管溫差感覺並調節體溫，的確是有道理的。

你可以試試，刻意去刺激一下溫度感覺皮質；例如拿個暖暖包或冰袋放在身體上、摩擦雙手一兩分鐘後再把手放在皮膚上、用手去觸摸金屬、或洗個冷熱交替的熱水澡，這些動作都會讓皮膚上特殊的溫度接受器開始工作。冷熱不同的溫度，加上一段作用時間，就可以簡簡單單地讓島葉活躍起來。例如在練習時利用腰帶（見第206頁）將暖暖包或冰袋固定於身上。大家不妨將溫差感覺練習與呼吸或骨盆等內在體感練習組合在一起，如此一來即可大幅提升整體的訓練效果。

〉冷熱感知練習

輔助工具：熱敷袋和冷敷袋

　　將溫暖或涼爽的物體放在身上或是用它摩擦身體，可以給予身體不同溫度的刺激並活化體溫調節。請使用有助於你感知溫差的輔助工具，例如熱水瓶、熱敷袋、冷敷袋或冰涼飲料瓶。

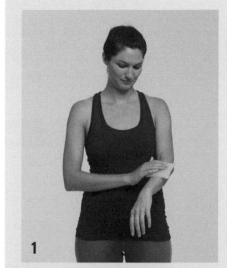

1. 採站姿或坐姿，或是躺著皆可，脊椎放鬆打直，呼吸保持平穩順暢。用熱敷袋緩慢地輕輕摩擦左臂 30 到 60 秒，接著換到左腿。專心感受熱度。然後換到右側，在手臂和腿上都輕輕摩擦 30 到 60 秒。你能在左右兩邊同樣感覺到熱度嗎？手臂或腿上的不同區域對熱度的感覺是否不同？接著將熱敷袋放在軀幹上，再換到肚子、胸廓和背部。那裡對熱度的感覺如何？

2. 接著換成冷敷袋，以相同的步驟刺激身體的不同部位。注意，冷敷袋應該是涼爽的，而不是冰冷的。

〉變化式：延長冷熱感知練習時間

讓身體感知溫度和溫度差異的另一項方法是，延長溫暖或涼爽物體放在身上的時間，前提是你確定這對你有好處，並且可以得到良好效果。這種對島葉後端強烈持久的刺激，可以改善總體內在體感能力和調節壓力。特別是當你熱敷腹部時，會有益於副交感神經運作並達到放鬆。

冷熱感知練習評量表			
練習	良好	中等／偏良好	有待評估
冷熱感知練習			
溫熱			
涼爽			
變化式：延長冷熱感知練習時間			
溫熱			
涼爽			

冷熱感知練習訓練指南

與本書中的其他練習一樣，你可以把冷熱感知練習輕鬆地融入日常生活。如此一來，你可以同時訓練內在體感和島葉，改善身體的舒適感。如果想做為單獨的訓練內容，以提升對冷熱的感知，可以每天練習 10 到 15 分鐘。冷熱感知練習可以強烈刺激島葉後端，並有益於改善疼痛模式和情緒調節。特別是溫熱感知練習的效果更好。

如果你覺得冷熱感知練習對你非常有益，可以把練習時間延長至 20 到 30 分鐘。在做日常活動時，例如做家務、看電視或閱讀時，在肚子上放一個冷敷或熱敷袋。晚上睡覺前，將熱敷袋放在肚子上。

你也可以將冷熱感知練習做為快速的刺激練習，用這方面擴展內在體感的一

般訓練。首先，最重要的是改善整體健康狀況和內感受能力。你只需將每天 2 到 3 次，持續 1 到 2 分鐘的冷熱感知練習融入日常生活中。還有很重要的一點是，島葉的總訓練時間至少要達到 20 分鐘。冷熱感知練習也適合用來準備其他訓練內容，只需花 1 到 2 分鐘練習即可刺激島葉後端，對接下來其他方面的訓練也更加有效。

將練習互相結合

你可以試著將冷熱感知練習與其他練習結合，以提升各項練習的成效。多項練習組合起來，對大腦的刺激會更強烈，訓練成效也會跟著提升。你可以在第 8 章中找到更多相關訊息。以下是溫熱感知練習的組合示例：

- 在腰帶下佩戴熱敷袋（第 206 頁）。
- 用溫熱的按摩油做輕壓按摩，以訓練內在體感（第 205 頁）。
- 將溫熱感知練習與呼吸訓練和骨盆腔練習（第 4 章）結合。在做呼吸技巧或骨盆腔訓練時，將熱敷袋放在肚子上。

如果將冷熱感知練習與其他方面結合，建議在訓練過程中把注意力放在感知溫度上。例如將注意力從呼吸練習或骨盆腔訓練轉移到感覺冷或熱，並用心去感受。這種注意力的轉移會使大腦更強烈地整合溫度的影響，進而提升訓練的效益。

冷熱感知練習訓練指南		
用途	訓練方法	效果
做為主要訓練項目	• 冷熱感知練習 10 到 15 分鐘 • 如果特別有成效，請每天練習 20 到 30 分鐘	• 活化島葉後端 • 可以改善： 　■ 慢性疼痛
做為內在體感訓練的一部分	• 1 到 2 分鐘 • 每天 2 到 3 次	■ 抑鬱情緒 　■ 恐懼感
做為其他訓練的準備練習	• 冷熱感知練習 1 到 2 分鐘 • 選擇有特別良好效果的練習	• 活化島葉後端 • 改善整體訓練成效
與其他方面結合	方法 • 將熱敷袋繫在腰帶下 • 用溫熱的油做輕壓按摩 • 做呼吸訓練或骨盆腔訓練時，將熱敷袋放在肚子上	• 活化島葉後端 • 可以改善： 　■ 慢性疼痛 　■ 消化系統問題 　■ 情緒調節 　■ 恐懼感 　■ 抑鬱情緒 　■ 骨盆腔問題

壓力和輕壓按摩

受迷走神經和 C 型神經纖維支配的重要區域還有胸廓和內部器官（請參見第 31 頁的迷走神經走向示意圖），這就是為什麼在胸廓和腹部做壓力按摩，或其他的壓力應用會特別有效。這麼做會刺激迷走神經和大量的 C 型神經纖維，將大量的感覺訊息傳遞到島葉後端。

輕壓按摩

　　在以下兩項練習中，以輕微的力道按摩胸廓和腹部 3 到 5 分鐘。你也可以用溫熱的按摩油來額外提升對島葉的效果。如果這種壓力按摩對你非常有益，請每天做 2 到 3 次。

〉按摩胸廓

　　躺著或坐著皆可，脊椎放鬆打直，呼吸保持平穩順暢。用拇指或食指和中指開始按摩胸廓肌肉 2 到 3 分鐘。從胸廓中央的胸骨開始向腋窩的位置，以畫圈或直線方式按壓肌肉。確保按摩到胸廓肌肉的每個部位。從輕度的力道開始，再加強到中度。如果你覺得這樣的按摩很舒服，可以繼續增加力道，但請保持在你可以接受的舒適範圍內。

提醒：利用評估來檢查哪種強度最適合你，活動度評估（第 2 章第 46-49 頁）和疼痛程度評估（第 2 章第 50/51 頁）特別適用。

〉按摩腹部

　　躺著或坐著皆可，脊椎放鬆打直，呼吸保持平穩順暢。現在開始按摩腹部 3 到 5 分鐘。你可以將食指，中指和無名指併攏，雙手疊在一起，用雙手的力道按摩。與胸廓一樣用畫小圓圈的方式，並且要按摩到整個腹部。從輕度的力道開始，然後逐漸增加力道，並保持在你可以接受的舒適範圍內。

提醒：利用評估來檢查哪種強度最適合你，活動度評估（第 2 章第 46-49 頁）和疼痛程度評估（第 2 章第 50/51 頁）特別適用。

〉繫護腰帶

所需工具：護腰帶

　　除了按摩外，我們還可以利用彈性護腰帶。藉由腰帶的張力給予皮膚、肌肉以及內臟器官壓力，就能刺激 C 型神經纖維。此外，壓力還可以刺激迷走神經。繫護腰帶是將大量的感知訊息傳遞到島葉的理想選擇，還能長時間刺激 C 型神經纖維。透過這簡單方法，你可以輕鬆地長時間刺激島葉。無論是在休閒時間、工作中，還是做為額外的訓練效果，你都可以多元且有效地利用這項練習。

　　採站姿，雙腳與髖部同寬，脊椎放鬆打直，呼吸保持平穩順暢。繫上護腰帶，確保腰帶繫緊，但不會過緊而造成不適。可以將腰帶向右順時針或向左逆時針纏繞在腹部上。通常會有一個拉動方向的效果較好，所以請透過評估來測試兩個方向的效果。每次佩戴腰帶 20 分鐘到 2 個小時，每天佩戴 2 到 3 次。

壓力和輕壓按摩評量表			
練習	良好	中等／偏良好	有待評估
輕壓按摩			
按摩胸廓			
按摩腹部			
繫護腰帶			
逆時針纏繞			
順時針纏繞			

壓力和輕壓按摩訓練指南

　　我們建議每天做至少 5 到 10 分鐘的按摩，透過按摩施加壓力來刺激 C 型神經纖維。為了使腰帶發揮效果，請每天佩戴至少 20 分鐘。實踐證明，配戴腰帶數小時效果最佳也最持久。護腰帶相當簡單易用，非常適合與其他方面的訓練結合。在做舌頭、呼吸、骨盆腔訓練或平衡訓練時繫上腰帶，可以強化訓練對島葉的效果。

壓力和輕壓按摩訓練指南		
用途	訓練方法	效果
做為主要訓練項目	• 1 項下列中有良好效果的練習： 　■ 按摩胸廓 　■ 按摩腹部 • 每天至少按摩 10 分鐘	• 活化島葉後端 • 可以改善： 　■ 消化系統問題 　■ 情緒調節 　■ 焦慮感 　■ 抑鬱情緒
做為持續刺激練習	繫 20 分鐘到數鐘頭的護腰帶	
做為內在體感訓練的一部分，並與其他訓練內容結合	在做下列訓練時繫護腰帶： • 呼吸訓練 • 舌頭訓練 • 骨盆腔訓練 • 平衡訓練	• 活化島葉後端 • 強化訓練效果

定位和分辨聲音

　　感知環境中的聲音並對它們做出正確分類，這項能力對我們的安全和生存至關重要。如果大腦無法感知和判斷聲音的來源以及它們的含義，就會缺少非常重要的訊息，而這些訊息與內在體感和感覺統合有關。所以在定位聲音來源時，會

刺激島葉的中端，因為這個區域負責分析和整合聲音訊號。

此外，島葉中端還負責處理對不同頻率（音高）的定位和感知。定位聲音來源影響我們的空間方向和判斷環境安全的能力。此外，也有益於記憶力，甚至對脊椎和身體的穩定性都有良好的影響。定向能力差往往與自我感知不足有關，如果你透過以下練習刺激島葉中端的這個特殊區域，就可以改善解讀和整合身體內部訊息的能力。提升判定聲音方向的能力還可以改善身體穩定性，並減輕壓力。

〉聽聲辨位

聽聲辨位可以活化島葉中端，並改善感官數據整合的簡單有趣方法。你只需要一位訓練夥伴來製造聲音，並為你回報位置判斷的準確性。

1. 採站姿或坐姿皆可，脊椎放鬆打直，呼吸保持平穩順暢。訓練夥伴站在離你約一公尺半到兩公尺的位置。閉上你的雙眼，放鬆地聆聽夥伴彈指的聲音。
2. 現在用手指準確地指出你聽到彈指聲音的位置。
3. 維持你指著的位置，然後睜開眼睛，確認你的判斷是否正確。
4. 如果你判斷錯誤，請修正並指向正確的聲音來源。然後再次閉上眼睛，夥伴換到別處彈指。練習 3 到 5 分鐘。在練習過程中，夥伴要在每個方位上彈指：右下和右上，左下和左上，中間的下和上。有你較難找到聲音的區域嗎？請將這個區域整合到訓練中並多加練習。

〉變化式：改變音量

改變彈指的音量會提高定位的困難度，改善你的專注力，也讓訓練更加有效且多樣。

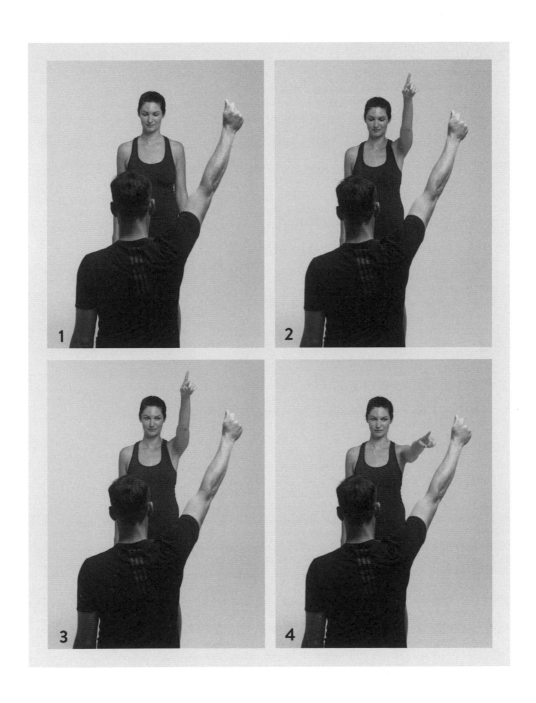

〉定位不同頻率的聲音

輔助工具：載有音頻產生器的手機

我們通常不易對某個特定的頻率範圍進行定位，也就是不易找出某個音調的聲音來源。島葉處理並分類各種頻率，要針對這個重要區域刺激，需要用到音頻產生器來幫助你測試不同的頻率。所有作業系統中都有這個免費應用程式，你可以下載到手機，用不同的頻率範圍來刺激島葉。我們建議涵蓋以下頻率：50、500和10,000赫茲。當然，你也可以使用其他（中間）頻率。

1. 採站姿或坐姿皆可，脊椎放鬆打直，呼吸保持平穩順暢。訓練夥伴站在離你約一公尺半到兩公尺的位置。閉上雙眼，放鬆地聆聽。夥伴在音頻產生器上選擇一個頻率，並播放2到3秒。
2. 現在用手指準確地指出你聽到聲音的位置。
3. 維持你指著的位置，然後睜開眼睛，確認你的判斷是否正確。
4. 如果你判斷錯誤，請修正並指向正確的聲音來源。然後再次閉上眼睛，夥伴換到新的位置。練習3到5分鐘。夥伴在練習過程中要在每個方位上播放：右下和右上，左下和左上，中間的下和上。然後換另一個頻率，一樣在所有方位上測試。有你不易定位聲音或某個頻率的區域嗎？請將這些區域和頻率納入訓練中並多加練習。

提醒：等你較熟練後，夥伴可以在換到下一個位置時直接改變頻率，讓訓練更有挑戰性，並提升島葉的區分和整合能力。

〉定位和跟隨聲音

輔具工具：持續的聲音來源

　　音頻產生器持續發出聲音可以使訓練更有效和多樣化。在練習中除了要定位在局部位置的靜態聲音訊號外，還要跟隨動態的訊號源。跟上一項練習一樣，然後用手指不斷跟隨移動的聲源。

1. 站姿或坐姿皆可，脊椎放鬆打直，呼吸保持平穩順暢。訓練夥伴站在離你約一公尺半到兩公尺的位置。閉上你的雙眼，放鬆地聆聽。夥伴播放聲源。

2. 現在用手指準確地指出你聽到聲音的位置。

3. 維持你指著的位置，然後睜開眼睛，確認你的判斷是否正確。

4. 如果你判斷錯誤，請修正並指向正確的聲音來源。

5. 再次閉上眼睛。

6. 夥伴拿著手機，手臂緩慢且穩定地變換方位，你閉著眼睛並不斷跟踪聲音來源。如果你跟丟聲音的來源，請夥伴給予回應，然後再次開始。夥伴要在每個方位上播放：右下和右上，左下和左上，中間的下和上。有你不易跟隨聲音的區域嗎？請將該區域納入訓練中，並做 3 到 5 分鐘的練習。

聲學整合輔助工具

隨著生活條件改變，越來越多人有整合感官訊息的困擾，因此各研究團隊和公司都致力這個主題，並開發有助於改善感官整合的輔助工具。這些工具可以讓你在日常生活中省時又省力地訓練整合能力，並以針對性的方式達到很好的效果。

我們推薦 Sound for Life 的兩款產品做訓練，這家美國公司專門開發用於聲音訊號的感官整合產品。他們設計了一款聲音回授耳機 Forbrain®，它使用麥克風記錄你的語音，並通過骨骼傳遞，將其傳輸回你的聲學系統。此外，你可以透過空氣中的聲波以平常方式聽到自己的語音。而你的大腦現在必須區分並整合這兩種聲音。Forbrain® 也是朗讀文本的理想選擇，用來學習外語特別有效。除了有快速學習外語的優勢之外，還會對予島葉更多的刺激。你可以戴著耳機進行一般對話或打電話，在你說話的時候都可以使用。

另一方面，該公司也開發了 Soundsory®，這項產品是一項多重感官訓練計畫。目的也是提高對島葉中端的要求，來提高島葉的整合能力和內感受能力。據製造商介紹，它還有助於提高運動和認知能力。這項計畫由專門開發的音樂組成，這些音樂通過特殊的耳機傳輸和調整，因此你的大腦必須特別努力去整合調整後的音樂。接下來再根據指示做一連串的特殊運動練習。完整的計畫是每天 30 分鐘，連續 40 天。有關這些產品的確切用法請參照製造商的說明。你可以在附錄中找到更多相關訊息。

定位和分辨聲音評量表			
練習	良好	中等／偏良好	有待評估
聽聲辨位			
變化式：改變音量			
定位不同頻率的聲音			
定位和跟隨聲音			
Forbrain®			
Soundsory®			

定位和區分聲音訓練指南

　　如果你想充實接下來的訓練並活化島葉，可以使用本章中的練習做為其他訓練的準備。區分聲音訊息會刺激島葉的各個部分，尤其是中端，即整合感官訊息的區域。若能更佳地整合傳入訊息，後續的訓練就越持久有效。如果你想將這些練習做為其他訓練的準備或與它們結合，可以納入 3 到 5 分鐘有良好效果的練習。

　　不論你是在練習定位聲音訊號後發現有些困難，或是得到良好效果，想要更深入訓練，我們都建議你專注在這方面幾個星期，當作單獨的訓練單元，每天練習 10 到 15 分鐘，也可以將訓練分成 2 到 3 個小單元。

定位和區分聲音訓練指南		
用途	訓練方法	效果
做為主要訓練項目	• 隨意結合有良好或中等效果的練習 • 每天總共 10 到 15 分鐘 • 分成 2 到 3 個小單元	• 活化整個島葉 • 可以改善： 　■ 慢性疼痛 　■ 內感受能力 　■ 整體身心健康和表現
做為改善內在體感的一部分	• 1 項有良好效果的練習 • 2 到 5 分鐘 • 每天 1 到 2 次	
使用 Forbrain® 和 Soundsory®	請參照製造商的說明做練習	
做為其他訓練的準備練習	• 1 到 2 項有良好效果的練習 • 總共 3 到 5 分鐘	適合做為所有後續方面的準備練習

幫助紓壓的眼睛練習

　　在 3C 產品盛行的當今社會裡，視覺刺激數量龐大，視覺系統一直在工作。不論是手機、電腦、平板、電視、讓人眼花撩亂的百貨公司，或是充斥著方向指示牌的地鐵站等等，都釋放著過多的刺激，讓眼睛每天工作超時而且疲於奔命。眼睛將視覺訊息及訊號傳送至大腦，相關負責的腦區就必須處理、分析及統整這些訊息。這些繁重的工作需要花費許多「腦力」，因此也就要消耗很多體內的能量。頭腦一直轉啊轉的，幾乎無法休息。

　　負責處理視覺刺激的中腦一向都與交感神經系統保持相當緊密的關係，意思就是：在視覺刺激氾濫的情況之下，交感神經系統必須一直待命與上場，副交感神經系統卻苦等不到發揮的機會。這裡強調的是紓緩壓力，會教大家紓緩放鬆視覺系統的方法，重塑正副交感神經系統之間的平衡。

睫狀肌的重要性

　　所謂「睫狀肌」指的是環狀眼部肌肉，功能在於調節水晶體厚薄，以利對焦。看遠時，睫狀肌鬆弛，讓水晶體變薄；看近時，睫狀肌收縮，促使水晶體變厚。看遠物的焦距變化調節被稱為「眼部的調節」。第三對腦神經與眼球運動有關，它是睫狀肌動作的指揮官。有趣的是，第三對腦神經的特定分支會影響自律神經系統。更詳細應該說，第三對腦神經的分支直接連接著副交感神經，因此能夠活化副交感神經系統，有助於紓緩壓力。首先將介紹兩種動作，它們有助於立即紓緩視覺系統與眼部壓力。然後，再教大家另一種動作，藉由輪流看遠看近來訓練睫狀肌，進而活化副交感神經系統，讓身體能夠休息、恢復。

〉搗住眼睛和眨眼

　　搗住眼睛是平復視覺系統並消除眼睛壓力的有效方法。只需要用到雙手，靜下來休息 1 到 2 分鐘，再接著快速眨眼來放鬆眼睛並結束練習。

1. 採站姿或坐姿皆可，脊椎放鬆打直，呼吸保持平穩順暢。先快速地輕輕摩擦手掌，使其變暖。

2. 雙手指頭合併，手掌略微彎曲。將雙手疊放在一起，確保手指完全閉合，無縫隙。

3. 現在將溫暖的手放在閉闔的眼睛上。切記，手不觸摸到眼睛，整個眼睛區域在手掌的弧度下保持平靜和放鬆。現在放鬆你的眼睛，視線會變得越來越暗。你只需要專注在變得越來越暗的視線上。一開始，你會時不時看到隱隱約約的光線、圖案或不停的閃爍。這都是正常現象，隨著練習就會逐漸減少直到消失。持續做練習，直到眼前出現深黑色。

4. a+b 然後移開雙手，快速眨眼 2 到 3 秒鐘。

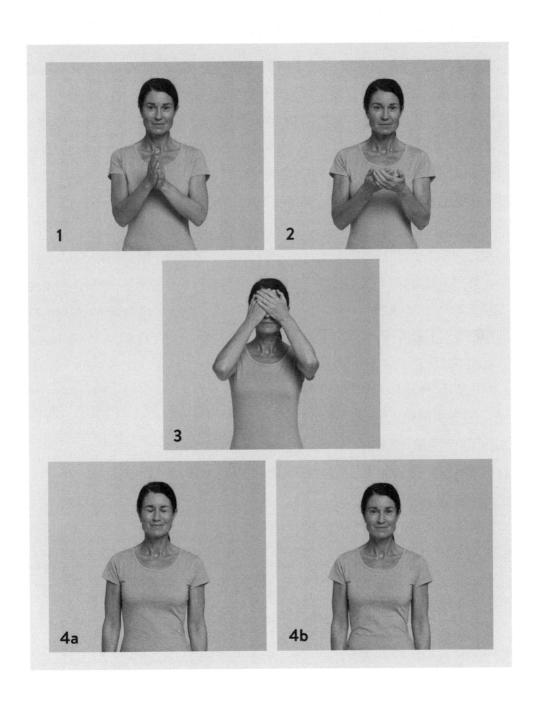

〉眼部按摩

　　除了過量的視覺訊息外，眼部肌肉訓練不足也是經常造成眼睛無法放鬆的原因。戴眼鏡、腦神經或前庭系統功能不佳，或者在日常生活中較少活動眼睛，都會使眼部肌肉無法達到最佳狀態，或是導致眼部肌肉過度疲勞，因此經常緊繃，而且功能受限。我們可以按摩眼部肌肉的起點來放鬆視覺系統和恢復活力。觀察眼部肌肉的解剖位置，你會發現它們附著在眼窩周圍的骨骼邊緣。這些肌肉附著點很容易感覺到，而且可以用手指按摩。

1. 採站姿或坐姿皆可，脊椎放鬆打直，呼吸保持平穩順暢。閉上眼睛，用食指從上到下，從內到外輕輕觸摸眼窩骨頭位置的內部／背面。用手指在骨頭的邊緣稍稍向內移動，直到你感覺到小小的骨頭凹陷。從眼窩上緣內側開始按摩，將手指放在上緣內側的肌肉附著點上，然後輕輕按壓骨頭 3 到 5 秒。然後按順時針和逆時針方向各按摩肌肉附著點 5 秒鐘。
2. 然後將手指移到上緣中央的肌肉附著點，並用相同的方法按摩：輕輕按壓 3 到 5 秒，順時針和逆時針方向各按摩 5 秒鐘。
3. 接下來，按摩上緣外側。
4. 換到下緣並從外側開始，按摩這個肌肉附著點。
5. 然後換到眼窩下緣的中央。
6. 最後以畫圈的方式輕輕按摩下緣的內部肌肉。

對最緊繃的區域重點按摩

你可以在眼部肌肉最緊繃的部位做重點按摩。請用手指感覺各個肌肉附著點的緊繃程度，並且相互比較。有較緊繃的地方嗎？通常朝向鼻子的內側肌肉附著點會比較緊繃。如果某些區域比較緊繃，你可以只按摩這些區域，以快速獲得成效。

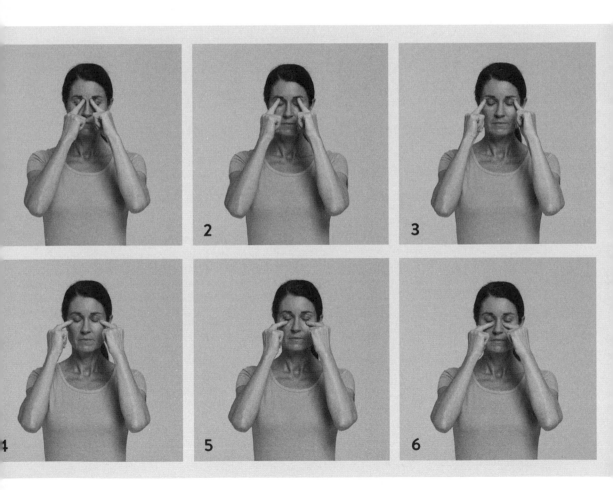

〉對焦練習

輔助工具：兩張訓練字卡，或是節拍器

正如第 217 頁對於睫狀肌的描述，對焦練習是利用眼睛影響副交感神經系統的好方法。如果你發現視線遠近來回移動時，眼睛比預期中還不容易調節焦距，你可以藉助節拍器給予固定節奏來練習。實踐證明，剛開始以每分鐘 60 到 70 拍之間的節奏是最佳選擇。如果你在練習後的評估沒有得到良好的結果，或者你覺得速度太快而有壓力，請降低節奏，從每分鐘 45 拍左右的節奏開始。或是不使用節拍器。

暫時擱置練習

如果你覺得對焦練習很吃力，可以先跳過這項練習，過段時間後再試一次。

等你較熟練後，可以利用身體內部節奏來做焦距練習，在練習中額外訓練內在體感。你可以在從近到遠的來回之間有節奏地切換呼吸嗎？甚至可以使用心跳的節奏？如果你能夠利用自己的身體節奏，就表示你的內在體感能力已經有很大的進步。

1. 採站姿或坐姿皆可，脊椎放鬆打直，呼吸保持平穩順暢。將小張的訓練字卡或其他視覺目標物放在視線高度上，距離眼睛 20 到 30 公分。大張的訓練字卡是遠處的目標，放在距離你眼前大約 2 到 5 公尺的牆上。注視小張訓練字卡的第 1 個字母。

```
Y L E B E A S U M H
K O D S U T L O F Z
H C W A E I Q K Y R
P B V G N O A R V T
L C K O B D U T M D
A W E S P R O X N L
Z A P T I E N U R Z
V X R Y S M X J D T
S O E N R E N U H W
L B V S P D M N G H
```

```
Z M D C D B T V N G
L F E T V U M P G Y
I D X B D G R L Z T
Q C W H O P B T W U
M S L P C E V U N E
B Z F T Q S P Y O M
E B Q Z J F O W S A
W Y S Z T N Y K E U
T P F O S F O V I Y
M C W T Q E N O H I
```

使用一大一小行列數相同，但字母順序不同的訓練字卡做對焦練習。

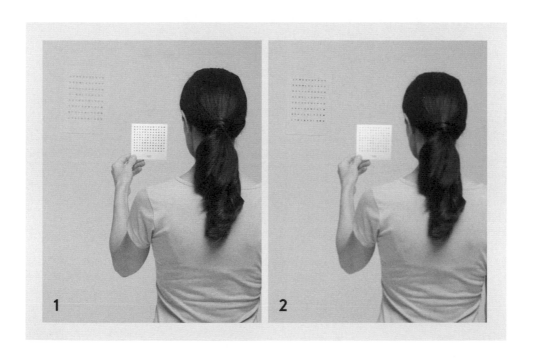

2. 然後看向遠處訓練字卡的第 1 個字母，再回到小張訓練字卡的第 2 個字母。視線不斷在小張和大張的訓練字卡之間來回切換，並接續讀下一個字母。切記，在清楚看到字母前，不要切換視線。如果使用節拍器，請自行調整速度，以便你在跟隨節奏切換視線前，可以清楚地看到字母。練習 30 到 90 秒。

提醒：在此練習中，決定訓練成效的是你能否清楚地看見字母，而不是視線切換的次數。請確保自己在看見清晰圖像之前，不切換視線。只有看到清晰圖像，才表示睫狀肌已經正確調整焦距。如果你在日常生活中戴眼鏡或隱形眼鏡，雖然剛開始會點困難，但仍應嘗試在沒有這些眼鏡的幫助下練習。視線雖然會有些模糊，但請把焦點放在視覺最清晰的地方。並透過評估測試兩種變化式：有無配戴眼鏡或隱形眼鏡。

放鬆眼睛和視覺系統練習評量表			
練習	良好	中等／偏良好	有待評估
摀住眼睛和貶眼			
眼部按摩			
對焦練習			
無配戴眼鏡或隱形眼鏡			
配戴眼鏡或隱形眼鏡			
有搭配節拍器			
無搭配節拍器			
以呼吸為節奏			
以心跳為節奏			

放鬆眼睛和視覺系統訓練指南

基本上，通過眼睛到達大腦的刺激都很強烈，可以迅速達到成效。這裡介紹的眼睛保健操大部分都可以融入日常生活中。你可以用它們來刺激副交感神經系統，並減輕壓力和緊張感。放鬆視覺系統的練習，例如搗住眼睛和眼部按摩可以用來快速緩解壓力，無論是在辦公室待了一整天後、工作休息時、做激烈運動時或重要場合之前。只需要花 2 到 3 分鐘做搗住眼睛練習或眼部按摩，就能達到理想的效果。視你所需，一天可以做多次放鬆眼睛的訓練。

根據視覺系統的狀態和性能，你可以每天做多次的對焦練習，每次 1 到 2 分鐘。就跟本書中許多的練習一樣，你也可以將對焦練習與內在體感訓練的其他方面結合。我們特別推薦結合繫護腰帶或呼吸訓練。

放鬆眼睛和視覺系統訓練指南		
用途	訓練方法	效果
減緩急性壓力反應症狀	• 搗住眼睛或眼部按摩 • 2 到 3 分鐘 • 視你所需，每天做多次練習	• 產生副交感神經作用和活化島葉後端 • 帶來的好處： 　■ 修復與再生 　■ 減輕壓力 　■ 降低恐懼感
做為內在體感訓練的一部分	• 1 到 2 分鐘對焦練習 • 每天 2 到 3 次 • 適合與以下訓練結合： 　■ 繫護腰帶 　■ 用放鬆器延長吐氣 　■ 用弗洛洛夫呼吸訓練器延長吐氣	

7

體感與注意力

利用體感與注意力，增進腦部活力

　　本書最後一個議題，想和大家談談體感與注意力的訓練。加上這個議題之後，本書內容即涵蓋有助於促進島葉活化的所有範疇，並讓內在體感訓練達到完善的境界。規劃訓練內容時，讀者若可一併考量專心程度、聚焦能力、注意力、專注力等重要元素，應可大幅提升訓練成效。在做本章的練習時，請全心全力集中注意力。大家相信嗎？當我們全心全意去注意去感覺自己身體的時候，便已經開啟了額葉及島葉前端的開關。

　　第 1 章提過島葉分成後端、中端、前端三個區域。島葉前端的特點是：它和額葉的聯繫迴路很多，兩者互通有無且互相影響。體感及注意力訓練不僅能夠大幅提高額葉活躍程度，也可一併活化島葉前端的功能。這對健康的幫助很大。額葉以及島葉前端功能變活躍之後，即可更完善地改善恐懼、憂鬱、恐慌發作等情況，亦即做到更佳的情緒調節。不僅如此，加強做體感訓練時，島葉後端也必須跟著忙碌地動起來，這將明顯幫助身體紓壓、減少消化問題，並降低疼痛感。

　　本章將介紹好幾款可以在家裡輕鬆做的體感與注意力訓練動作。建議大家，除了練習動作之外，務必多多觀察，究竟這些訓練對你個人來說帶來了哪些改善？出現了哪些正向效果？目前市面上已有許多談論神經元訓練的書籍、課程，

甚至 APP；有非常大量的訓練動作可供選擇，但本書無法一一為大家做介紹。請將本書為你選擇的訓練動作當成一個啟發，一個你在追尋健康及舒適旅程上的起點。最好每天規律地練習，每次 10 至 20 分鐘。訓練 4 至 6 週之後，即可察覺到明顯的改善。

如何分辨注意力與體感

在開始訓練注意力及體感之前，我們想先說明這兩個詞彙的差異。在養生保健的領域裡，也常透過相關訓練來改善一些身體健康的問題。很多醫療院所或機構也會提供一些相關的特殊課程。

注意力及體感訓練強調的是全身的身心靈放鬆，不但放鬆肌肉，也放鬆心靈。或許你曾經有其他機會做過本書建議的 3 個動作，它們是傑克布森（Jacobson）「漸進式肌肉放鬆法」的簡化動作，具有紓壓效果的放鬆技巧。然後搭配上聚焦於呼吸動作的注意力冥想練習。首先，我們要說明「注意力」及「體感」。

為何體感如此重要

體感訓練乃是練習將注意力鎖定在自己的身體狀況，目的在於有意識地去感覺以及連結其中的過程。可特別專注留意自己某個身體部位，或某項作用過程。簡單的例子，就是去感受自己的心跳；去感受心跳的感覺以及速度。或者也可以去感覺身體某個部位或範圍，目的在於分析、判斷及改變所感受到的狀況。有意識地去改變身體的狀況及作用過程，去感覺所有的感官功能以及身體本身，在靜止及移動狀態裡去感覺自己的身體，感覺正在呼吸的自己。體感訓練，包括傑克布森的漸進式肌肉放鬆法在內，能夠改善我們的消化問題、骨盆疼痛、高血壓、疼痛、一般的壓力症狀以及身體不適。

注意力的意義

注意力訓練就是，在意識層面裡，將注意力貫注於感覺的當下，並不加以評論。意思是說，單純只是去感覺自己身體機能的各個過程，不多做思考、認知或牽動情緒。對自己身體高度敏感，並常常立即判斷並解讀身體訊號的人，一開始可能會覺得這個練習難度頗高。但這些注意力練習真得超級重要。建議大家先從靜觀自己呼吸動作的注意力冥想練習開始，之後再慢慢加入其他的體感訓練項目。注意力冥想練習只在感受身體當下的作用過程，並不做任何的評論與改變。有些人經常「杯弓蛇影」地過分關注自己身上的大小變化，並充當醫師妄下診斷。也許真正的病因不是別的，而是島葉及內在體感功能出現異常。也就是說，這些人的島葉無法正確統整收集到的神經訊息，於是腦部只好被迫依據感覺訊息做出認知判斷。

科學研究指出，島葉活躍程度如果下降，特別容易引發恐懼、憂鬱、情緒失調等症狀，讓人對於自己身上任何的風吹草動都過於敏感。傑克布森的漸進式肌肉放鬆法以及身體掃描練習（Bodyscan）都特別強調去感覺身體，因此可能會讓上述症狀變得更嚴重。總而言之，重點就是：請先從注意力冥想練習開始。

體感練習：延自於傑克布森漸進式肌肉放鬆法

漸進式肌肉放鬆法是由美國醫師艾德蒙・傑克布森（1888–1983）發展出來的。他花了 20 年的時間研究肌肉張力過高與許多身心疾病之間的關聯性。1929年，他出版醫學專書發表研究結果。5 年之後，一本名為《你必須放鬆》（*You must relax*）的科普書籍首度問世。一直到 1990 年，這本書才被譯成德文，書名是《放鬆治療法：漸進式放鬆法之理論與實務》。

傑克布森醫師的研究發現：肌肉如果處於放鬆狀態，那麼中樞神經系統就會慢慢放緩步調；情緒也會逐漸平緩，讓恐懼或壓力情況下的激動情緒狀態恢復平穩。練習時，請大家有意識地去感覺自己的身體變化，感覺肌肉從緊繃轉為放鬆；

只要這麼做，便可以調節島葉的活躍程度。傑克布森漸進式放鬆法也是運用相同的策略。肌肉「一縮一放」之間，能為身體帶來許多正向效果，例如：

- 讓我們更明確感覺到自己身體的各個部分。
- 更能感覺到肌肉的位置與形狀。這類感覺會向島葉傳送許多相關訊息。
- 透過高強度且持續一段時間的肌肉收縮動作，來調整身體的自律功能。這同時也需要島葉參與協調。
- 血液流動暫時輕微受阻。血液聚集在局部組織內，肌肉稍微腫脹。這將導致肌肉內組織液的移動。
- 肌肉收縮時，需要消耗氧氣。因此，肌肉收縮動作會改變血液中氧氣與二氧化碳之比例。

　　不論是肌肉的收縮狀態、組織液流動，還是血液中氧氣濃度的變化，這些都屬於內在體感訊息。也就是說，島葉會接收到這些自主神經作用的訊息，並加以調節。放鬆肌肉時，會明顯感覺到肌肉收放之間的差異；感覺到局部肌肉不再緊繃、壓力下降、血液再度流動、肌肉伸展而且變得暖和。上述訊息大部分也會傳送到負責處理內在體感訊息的腦區，然後加以分類、處理、統整。

　　這個練習看起來不起眼，卻十分重要，因為它能夠讓負責處理內在體感訊息的島葉後端及島葉前端變得活躍起來。大家想要改善自己的內在體感功能、紓緩疼痛、減少消化或血壓問題嗎？那麼，不妨試試練習放鬆肌肉。本書建議的練習動作乃是沿用簡明版的傑克布森漸進式放鬆法。

〉傑克布森漸進式肌肉放鬆法

　　這項簡易版本的傑克布森肌肉放鬆法容易快速上手，很適合做為身體感知的起頭練習。每天練習 10 分鐘，就足以在幾週內改善身體緊繃。

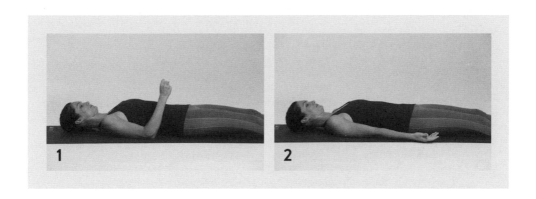

1. 放鬆地躺在墊子上。放鬆手臂和腿部,呼吸保持平穩順暢。現在將注意力集中在右前臂(從手腕到肘部),持續 2 到 3 秒。然後握緊拳頭,盡力收縮整個前臂,緩慢地增加緊繃程度,直到整個前臂和手達到最大緊繃度。感受這個緊繃度和力量 6 到 8 秒。在此期間,把注意力放在前臂和手的每個區域。每個區域都一樣緊繃嗎?有沒有你感覺更緊繃的地方?

2. 突然釋放張力!再次專心去感覺前臂和手,感受緊繃後的放鬆、輕盈和鬆弛。感受一下手臂緊繃和放鬆的區別。現在花 30 到 60 秒,把注意力轉移到前臂和手的所有區域。所有肌肉都放鬆了嗎?有未完全放鬆的地方嗎?再次注意緊繃和放鬆之間的區別,並重複練習一次。然後將注意力轉移到身體的下一個部位:

- 右手前臂和手
- 右後臂
- 左手前臂和手
- 左後臂
- 臉部
- 脖子
- 肩膀
- 背部
- 腹部
- 右腳
- 右小腿
- 右大腿
- 左腳
- 左小腿
- 左大腿

如果你覺得某個區域特別有效果，就停留久一點。你也可以更改上述的順序，或是用第 2 章中的評估來決定適合你的最佳順序和練習時間。一開始訓練兩到三個身體部位就相當足夠。如果你感到舒適的話，就花更多時間做全身練習。

提醒：在做漸進式肌肉放鬆時，切記只保持身體單一區域緊繃，而其他地方盡可能地放鬆。這需要花些時間練習，不過你會從中獲得非常重要的能力。

正念訓練

簡單來說，正念是一種注意力的形式，有意識地覺知當下身心和環境，無需對其判斷或評估。正念的概念可以追溯到分子生物學家喬・卡巴金（Jon Kabat-Zinn），他研究並創造了正念減壓法（MBSR = Mindfulness-Based Stress Reduction），於是在 1970 年代後期西方有了「正念」一詞，如今全世界都在使用正念減壓法。接下來將介紹兩項練習來訓練正念：身體掃描（Bodyscan）和專注於呼吸的正念冥想。

如果你覺得這種形式的練習對你非常有益，可以進一步擴展。例如使用應用程式「Headspace」，我們認為這是目前市場上最好的應用程式。它提供 3 到 10 分鐘的基礎課程，以及更多特定主題的指導。

正念訓練：身體掃描

身體掃描是一種加強身體意識的練習。它起源於佛教，為冥想的一種形式。而今日我們所練習的身體掃描是由卡巴金所創。

身體掃描（Bodyscan）可以翻譯為「身體觀察」，也是它實際的意思。在練習中，對身體進行從頭到腳精神上的掃描，徹底搜尋身體的緊繃處和緊繃程度的差異。仔細掃描並察覺身體各個部位肌肉的緊繃狀態，可以自動提升自我感知能力。身體掃描可以強烈訓練內在體感能力，除了活化島葉後端之外，還會強烈刺激前端。因此，一方面非常適合用來解決慢性疼痛或支持骨盆腔訓練。另一方面，由於它會影響島葉前端，也適合那些對抗恐懼、對壓力反應強烈或情緒波動強烈的人。

在這裡我們簡短敘述，以讓你初步了解如何做身體掃描。如果你想更深入地研究身體掃描或正念減壓法，可以在附錄中找到一些文獻建議。

〉身體掃描

你可以透過身體掃描輕易感受到身體的緊繃，甚至可以藉此消除緊繃感。如果你經常承受壓力，而且難以感受自己身體，這項練習會非常適合你。

放鬆地仰躺，脊椎放鬆打直，呼吸保持平穩順暢。現在想像一下，你從頭到腳逐一掃描身體各個部位。從頭部開始，感知你的臉、頭和脖子。你能感覺臉部、頭骨和頸部肌肉左右半邊的差異嗎？哪裡感到緊繃？感受一下這些緊繃感，並試著給內在一個命令來解決它們。用同樣的方式掃描肩膀、胸部、手臂、軀幹、腿和腳，以觀察緊繃程度的差異，並緩解身體局部的緊繃。

你需要多花點時間練習，掃描身體各部位和感知自己的身體，並釋放你的緊繃。你會發現這比你最初想像的還要容易。重要的是，你開始感知自己的身體，並改善身體部位的緊繃。每天做 5 到 10 分鐘全身掃描或局部掃描。

正念冥想

正念訓練還包括正念冥想，其根源也來自佛教傳統。正念是一個沉思、放鬆並集中注意力的感知過程，其中的重點就是對自我的感知。正念冥想中最重要的一點是：不去判斷你所感知的，而是接收和接納現在所感知的一切。

例如正念冥想可以只與呼吸有關：感知空氣的吸進和流出，無需關注鼻子吸進的空氣量、呼吸的深度或呼吸流量的變化等方面。

下文中的正念冥想是根據 mindful.org 網站所做的示範。該網站提供有關正念訓練的更多冥想、練習和相關訊息。

〉正念冥想，專注於呼吸

將呼吸做為注意力的目標是開始正念冥想很好的起點，而且你幾乎可以隨時隨地做這項練習。練習時，請專注在感受呼吸的流動。你肯定會在練習過程中發現思緒跑掉，想東想西或被聲音吸引，這都沒有關係。無論你將注意力轉移到哪裡，只要在下一次呼吸時，回到此時此刻。

1. 選擇一個你感到舒適的地方，然後坐在穩定舒適的位置上。
2. 先將注意力集中在雙腿。如果你坐在軟墊上，請盤起雙腿；如果坐在椅子上，就把雙腳放在地板上。
3. 接下來，放鬆上身。脊椎在整個練習過程中保持自然彎曲。
4. 現在把注意力移到手臂上。抬起雙臂，將手掌放在腿上你覺得最舒適的地方。
5. 放鬆視線，微縮下巴。不需要閉上眼睛，但如果你會受到眼前東西影響而不專心，就請閉上雙眼。
6. 現在感覺呼吸。將注意力移到身體感覺上的呼吸：感覺空氣通過鼻子或嘴巴流進和流出。注意腹部或胸部的運動，感受因呼吸所造成的起伏。
7. 接下來，注意自己的思緒是不是跑掉了，如果你的注意力從呼吸上移開，思緒開始在腦海中遊盪。沒關係，只需再次將注意力轉移到呼吸上。
8. 善待自己和飄盪的心靈。不需抗拒想法，對它們進行觀察就好。繼續放鬆地坐著，然後在沒有期望或判斷的情況下回復正常呼吸。
9. 準備好後，慢慢抬起視線。如果閉上眼睛，請再次睜開。慢慢來，把注意力轉移到環境的聲音。感受一下身體現在的感覺。注意自己的想法和感覺，並用深呼吸來結束練習。

身體感知和正念練習評量表			
練習	良好	中等／偏良好	有待評估
傑克布森漸進式肌肉放鬆法			
身體掃描			
正念冥想，專注於呼吸			

利用評估

在開始練習前做活動度評估（第 46-49 頁）或疼痛程度分類評估（第 50/51 頁），以便之後用來檢查身體感知和正念練習的效果。

身體感知和正念訓練指南

身體感知和正念訓練有兩種使用方式。第一，你可以把它做為訓練的主要內容，集中訓練幾週。建議每天做 10 到 20 分鐘本章中的練習，持續 6 到 8 週，以顯著改變島葉活動程度和改善特定症狀。

正念訓練對調節情緒尤為重要，如果你有焦慮症、抑鬱症、壓力症狀、飲食失調、成癮傾向或類似方面的問題，建議連續做數週訓練。再次強調，這是一項支持性訓練，以改善內在體感並調節重要大腦區域活動水平。

如果你想提高身體感知能力並改善內感受方面的身體症狀，則特別推薦傑克布森漸進式肌肉放鬆法和身體掃描。如前所述，身體掃描需要你保持留心的狀態，可以用來改善情緒波動和減輕壓力。

你還可以將身體感知和正念訓練與本書中介紹的其他方面結合。例如在呼吸或骨盆腔訓練後，做 2 到 3 分鐘快速的身體掃描或正念冥想。

身體感知和正念練習訓練指南		
用途	訓練方法	效果
做為主要訓練項目	• 一項下列中有良好效果的練習： 　■ 傑克布森漸進式肌肉放鬆法 　■ 身體掃描 　■ 正念冥想 • 每天 10 到 20 分鐘 • 持續 6 到 8 週定期練習	漸進式肌肉放鬆法 • 活化島葉後端 • 減輕壓力 • 可以改善： 　■ 慢性疼痛 　■ 消化問題 　■ 血壓問題 　■ 身體掃描
做為內在體感訓練的一部分	每天 2 到 3 次 每天分批練習 1 到 2 分鐘	• 活化島葉後端和前端 • 可以改善： 　■ 慢性疼痛 　■ 骨盆腔問題 正念訓練 • 活化島葉前端 • 可以改善： 　■ 恐懼感 　■ 抑鬱情緒 　■ 情緒調節 　■ 消化問題
與其他方面結合	• 呼吸訓練或骨盆腔訓練後，做身體掃描或正念冥想 • 2 到 3 分鐘	• 額外活化島葉前端 • 改善整體訓練成效 • 同時做多項練習

8

有益健康的訓練計畫

組合越正確，訓練越奏效

你應該已經做過一些舌頭、咽喉或骨盆部分的內在體感訓練了吧？感覺自己的身體有何明顯的變化呢？或許，你已依據自己的測試結果擬定了一套內在體感訓練方案。這樣很棒，因為基本訓練非常地重要！或許，你已更進一步挑選出能夠改善自己健康問題的訓練動作，每日規律練習，並已達到自己設定的目標。本章以此為基礎，提供大家一些進階建議，幫助大家能夠更迅速更有效地達成個人化的健康目標。

如何特別針對個人的健康問題與症狀，將練習有效地組合在一起呢？本書希望在最後這一章裡協助大家擬定「訓練組合包」，以便有效改善島葉及內在體感最常見的功能障礙。

我們挑選出以下 5 大類練習範疇，並替大家介紹整套的訓練組合計畫：

第 1 類：改善健康、減輕壓力、強化能力表現

第 2 類：紓緩慢性疼痛

第 3 類：調節情緒

第 4 類：改善消化問題

第 5 類：改善骨盆問題

這些「訓練組合包」能夠活化相對應的島葉區域，以利調節在某些特定環節裡逐漸脫序的自主神經功能。例如針對慢性疼痛而言，訓練重點在於活化相對應的島葉後端區域，因為島葉後端不僅負責判斷疼痛強度，也會透過相連結的神經元網絡共同來定義疼痛模式。相反的，對於情緒調節而言，島葉前端才是最重要的對應腦區。另外，除了島葉之外，訓練時也必須留意究竟身體需要接收哪些內在體感訊息，方可有效改善特定的健康問題。

雖然個人化的健康目標很重要，但本章呼籲大家切勿忽略了呼吸及舌頭訓練等單一重點的內在體感訓練元素。因為只要各個單一系統都能夠運作無虞，腦部接收到的訊息品質就會越好，經過島葉處理及統整後產生的直接或間接效果就會越好，訓練組合包提升健康的效果也就會越明顯。

隨著逐章的練習，你已經了解到準備各個涉及處理訊息的區域和結構，可以更輕鬆快速達到想要的效果，讓訓練更有效率。現在，讓我們更進一步：添加一些刺激，使大腦和神經系統能夠更加適應訓練。本章介紹的組合練習有兩種方法：

1. **接連練習**：在練習過程中，按照時間順序給予刺激。這個方法特別適合那些不易同時處理多項事物的人。很重要的一點是，請緊接著給予刺激，每個刺激之間最多只有 15 秒的休息時間。

2. **同時練習**：你可以將繫護腰帶（第 206 頁）與用來刺激額葉的水平跳視（第 65 頁）結合，並同時做放鬆器延長吐氣（第 146 頁）。在實踐中，此方法通常比接連練習要有成效。特別適合那些較易感知和協調多項身體活動的人。

然而，這兩種組合方法都會使傳送到特定大腦區域的刺激總和，比每個單獨的刺激有更強烈的活化效果，使神經性適應更快、更持久。

除了增加刺激外，還有一項原理可以達到最大的效果。如你所知，刺激的強度和力度也決定了它對神經系統的影響。這意味著：刺激越強烈，適應力越強。實踐證明，離大腦較近的感覺器官，像是舌頭、眼睛或是前庭系統，通常比離大腦較遠的身體部位施加更強烈的刺激。因此我們把這類練習多加列入本章，做為

訓練的效果加速器。

透過針對性的預先刺激提升整合能力

　　所有傳送到島葉的訊息都必須在此處完成整合。如果不能充分地整合訊息，就會給整個進程帶來負面影響。因此，整合區域的活動能力極其重要。島葉中端負責整合訊息，也是味道和氣味中心的所在地。所以我們可以利用氣味和味覺刺激，來預先提高整合和處理感官訊息的能力。因為這兩種感覺器官位置靠近大腦，還能刺激到島葉中端的整合中心。

準備練習
在第 3 章中所學到的嗅覺和味覺練習，都可以做為在實際練習之前的快速準備練習。此外，如果組合練習中沒有包括舌頭練習，你可以在組合練習前，做一項有良好效果的舌頭練習。提醒一下：舌頭有許多作用，可以視為神經元的祕密武器。請再次閱讀第 5 章有關舌頭的介紹。

評估組合練習

　　請別忘記，你在第 2 章中獲得了優化培訓的重要工具：評估。現在，你可以把它用於組合練習。對你來說，包含四種不同刺激可能是最佳的組合，但是對其他人可能會太多或太少。練習的效果總是因人而異，所以請定期檢查訓練的效果，並根據自己的需求和神經系統的現狀做調整。由於本章是為了解決特定症狀，因此建議時常檢查訓練效果對症狀的影響，最好是在訓練後立即檢查：疼痛減輕了嗎？你的舒適感、壓力症狀、消化或情緒狀態是否有改變？當然，有些改善需要一點時間。因此你應該定期停下來，用評估檢查你的狀況和訓練效果。

第 1 類：改善健康、減輕壓力、強化能力表現

為了改善總體健康，並減輕壓力和強化能力表現，首先重要的是結合多項練習來刺激島葉後端。為此，我們在每章的訓練指南中都用表格註明練習是針對島葉的哪個部分。你可以將呼吸和平衡訓練多納入組合中，以強烈刺激島葉後端。為了使訓練盡可能簡單，我們建議使用輔助工具和訓練用具，你無需額外出力即可獲得所需要的刺激。例如腰帶有許多優點，透過它的壓力可以不斷向島葉發送各種內在體感訊號。此外，骨傳導耳機也是絕佳的訓練用具。

骨傳導耳機有助於前庭系統

島葉接收前庭系統訊息傳輸的大量訊號，然後將這些訊號整合，並與其他感官訊息結合。這使前庭系統成為改善內在體感以及島葉活動性和訊息處理的重要基礎。因此，平衡訓練是本書的核心，也是最重要的方面。除了之前提到的主動練習外，還可以被動地刺激前庭系統。那就是利用骨傳導耳機，它的原理是通過顱骨傳輸聲音訊號，而顱骨正是前庭器官所在之地。

尤其是橢圓囊斑和球囊斑對某一特定頻率範圍高度敏感，藉此可以利用骨傳導耳機直接刺激斑的各個部分。骨傳導耳機不像傳統耳機那樣放在耳朵內或耳朵上方，而是直接放在顱骨上，即耳廓正前方的顱骨部分，然後從那裡將頻率通過

骨頭傳到內耳。內耳可以從聽覺和感覺上（明顯）感受到震動。在典型的平衡障礙復健中，會使用特定的頻率來刺激兩個斑。100 赫茲（Hz）左右的範圍用於橢圓囊，而頻率為 500 赫茲左右的範圍用於球狀囊。然而，只有醫療設備才有可能達到這樣精確的刺激。實踐表明，高於和低於上述兩個值的頻率對前庭系統也有良好的影響。我們可以藉此優化內在體感和平衡訓練。骨傳導耳機絕對值得購買。此外，你還需要下載頻率產生器，透過這個應用程式將頻率發送到耳機。不同的手機作業系統有各自的應用程式。你可以在附錄中找到更多相關訊息。

　　你可以利用骨傳導耳機持續有效地刺激並改善平衡，無需花費太多精力。如果你的前庭系統功能有些受損，而且很難順利地做主動練習，那麼骨傳導耳機會特別適合你。記住：越密集且長時間訓練，成效就越持久。

〉骨傳導耳機被動刺激前庭系統

輔助工具：骨傳導耳機和載有頻率產生器的手機

1. 採站姿或坐姿皆可，脊椎放鬆打直，呼吸保持平穩順暢。將骨傳導耳機戴在頭上，使擴音器直接放在耳廓前方的骨頭上。透過藍牙或電線將骨傳導耳機連接到已安裝頻率產生器的手機。做「活動度」評估（第 2 章第 46 頁起）中的一項練習，記下你的活動範圍和緊繃度。

2. 打開手機上的應用程式，然後設置頻率產生器，以控制耳機。選擇頻率為 100 赫茲，速度為每分鐘 40 到 60 拍（bpm ＝每分鐘心跳數）。然後你會聽到並感覺到所選節奏的震動或低音。持續此頻率 30 到 40 秒，然後再次評估。

3. 記下結果，然後切換到 500 赫茲的頻率範圍。持續此頻率 30 到 40 秒，再次做評估。比較兩個頻率的結果。請在接下來的組合練習中使用有最佳評估結果的頻率。

提醒：請測試其他中間頻率的影響。例如使用 150 或 450 赫茲做練習，結果如何？通常一開始，你會對某些頻率範圍有最佳反應。不過你應該在長期訓練中用不同的頻率練習，來不斷改變訓練方式，並帶來新的適應過程。

建議：骨傳導耳機非常簡單易用，又相當有效，因此你還可以將這種刺激與內在體感的其他方面結合。它非常適合用來充實平衡訓練（第 3 章第 74 頁起）。你可以將骨傳導耳機多融入其他方面的訓練，只需要設置合適的頻率，將耳機戴在正確的位置，然後啟動應用程式。

組合選項

接下來我們將介紹一些非常有效的組合示例，持續做這些組合練習有助於你有效地實現訓練目標。你可以參考這些組合示例，來制定自己的組合練習。不過，請記得利用評估來測試練習效果，還有，不要太苛求自己。考慮到神經的可塑性，通常每天做 20 分鐘左右的訓練就能帶來長期的改變。

〉組合 1　練習時間：3 到 4 分鐘

輔助工具：腰帶、震盪棒、小瓶精油

練習	頁數
繫護腰帶	206
震動耳朵	108
舌頭繞圈	181
辨別和分類氣味	96-97

準備工作：請先將腰帶繫緊，但不會過緊而造成不適。一隻手拿震盪棒，另一隻手拿精油瓶。

　　雙腳與肩同寬，脊椎放鬆打直。現在開始震動右內耳的皮膚，同時用舌頭繞圈，並用左手將精油瓶放在鼻子下面，聞一聞。全身放輕鬆。在練習中反覆將精油瓶從鼻子前移開，讓嗅覺感受器短暫放鬆。舌頭繞圈也需要做反覆的短暫休息。每天做此組合 3 到 5 次。

提醒

 這項組合練習至少要做 3 到 4 分鐘，也可以做更長時間的練習。但是，請確保自己感到舒適，耳內的震動不會讓你感到有壓力。在這項組合練習中，震動耳朵 1 到 2 分鐘即可。並請定期變換精油氣味，讓訓練多樣化並增加趣味。

 如果你在這項組合練習中，身體協調出現問題，可以提前聞氣味或做舌頭繞圈，練習 1 到 2 分鐘。其餘的練習條件按照原說明進行。

建議：在做舌頭繞圈時可以屏住呼吸一到兩次，這樣就可以做快速的呼吸困難訓練，無需更改練習的設定。當然，你還是可以在聞氣味時稍作休息。

〉組合 2　練習時間：2 到 4 分鐘

輔助工具：腰帶、骨傳導耳機及相關應用程式、放鬆器

練習	頁數
繫護腰帶	206
搖頭運動	74
骨傳導耳機被動刺激前庭系統	243/244
用放鬆器延長吐氣	146

準備工作：請先繫緊腰帶，將骨傳導耳機戴在顴骨上的正確位置。選擇一個有良好效果的頻率。用應用程式調整聲音播放，以便將節奏用於接下來要做的搖頭運動。

　　a+b：雙腳與肩同寬，脊椎放鬆打直，放鬆器放在嘴脣之間。現在，將雙臂抬到大約視線的高度，抬起的角度相同。首先，注意自己的呼吸。用鼻子吸氣，並

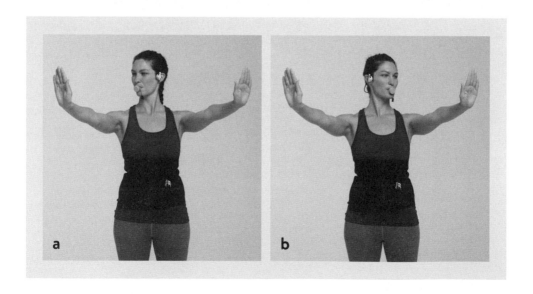

透過放鬆器緩慢吐氣。現在開始搖動頭部，在左右手之間來回移動。切記，儘管有大量刺激，你仍然要放輕鬆，並在搖動頭部時繼續做呼吸訓練。連續練習 2 到 4 分鐘，每天重複 3 到 4 次。

提醒

- 剛開始，協調和訓練的同步肯定很困難，尤其是長時間做搖頭運動確實是個挑戰。不過，慢慢地你會越來越熟練。可以隨時休息一下，然後繼續練習，不用擔心會影響效果。
- 你可以將頭部轉動的速度調整到設置頻率範圍的節奏。如果你左右來回搖頭一次為一拍，建議以每分鐘大約 40 到 60 拍的速度練習。如果你每拍做一個動作，則以每分鐘 80 到 120 拍的速度，也就是說，你將頭向右移動一拍，向左移動一拍。或者，使用連續的聲音，使移動速度不受節拍數影響。

〉組合 3a　練習時間：3 到 4 分鐘

輔助工具：腰帶、震盪棒

練習	頁數
繫護腰帶	206
震動牙齒	110
點頭運動	77

準備工作：請先將腰帶繫緊，但不會過緊而造成不適。手拿震盪棒。

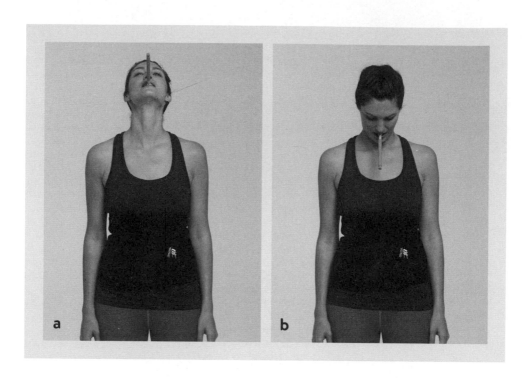

a+b：雙腳與髖部同寬，脊椎放鬆打直，呼吸保持平穩順暢。開啟震盪棒，用前牙輕輕咬住它，並開始以點頭的方式不斷地加速頭部運動，從上到下，然後再向上抬起。調整到你感到舒適的速度，讓自己可以輕鬆控制頭部運動。每次共做 3 到 4 分鐘，每天重複 3 到 4 次。

提醒：練習中可以稍作休息，因為長時間做頭部運動確實有些困難。漸漸地，你的練習時間會延長，表現也會更好。不過，請讓自己覺得舒適，牙齒上的震動不會讓你感到有壓力。在這項組合練習中，震動牙齒 20 秒就足夠了。

建議：除了震動牙齒之外，你還可以使用放鬆器做延長吐氣。

〉組合 3b　練習時間：3 到 4 分鐘

輔助工具：腰帶、震盪棒、骨傳導耳機及相關應用程式

練習	頁數
繫護腰帶	206
震動牙齒	110
點頭運動	77
骨傳導耳機被動刺激前庭系統	243/244

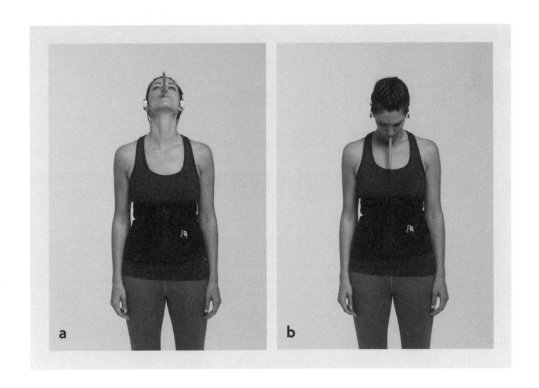

準備工作：先將腰帶繫緊，不會過緊而造成不適。將骨傳導耳機戴在顱骨上的正確位置，並選擇一個有良好效果的適當頻率。用應用程式調整聲音播放，以便將節奏用於接下來要做的搖頭運動。手拿震盪棒。

a+b：請按照前面的組合 3a 練習。不過，在這項組合練習中要戴上骨傳導耳機。每次練習 3 到 4 分鐘，每天重複 3 到 5 次。

提醒：你還可以將頭部轉動的速度調整為所選頻率範圍的節奏。如果上下來回點頭一次為一拍，建議以每分鐘大約 40 到 60 拍的速度。如果你每拍做一個動作，則以每分鐘 80 到 120 拍的速度，也就是說，你將頭向上移動一拍，向下移動一拍。或者，使用連續的聲音，使移動速度不受節拍數影響。

〉組合 4a 練習時間：3 到 4 分鐘

輔助工具：腰帶、震盪棒

練習	頁數
繫護腰帶	206
搖頭運動	74
震動耳朵	108
擺動舌頭	182

準備工作：先將腰帶繫緊，但不會過緊而造成不適。手拿震盪棒。

a+b：雙腳與髖部同寬，脊椎放鬆打直，呼吸保持平穩順暢。開始做搖頭運動，舌頭配合頭部運動的方向擺動。頭向左移動的時候，將舌頭移到左臉頰，反之亦然。如果可以的話，還可以震動右耳。每次練習 3 到 4 分鐘，每天重複 3 到 5 次。

提醒：可以先單獨做震動耳朵 1 到 2 分鐘，然後再做其餘的練習。長時間做頭部運動和舌頭運動會有些困難，可以隨時休息一下。漸漸地，你的練習時間會更持久，表現也會更好。

〉組合 4b　練習時間：3 到 4 分鐘

輔助工具：腰帶、骨傳導耳機及相關應用程式、震盪棒

練習	頁數
繫護腰帶	206
搖頭運動	74
骨傳導耳機被動刺激前庭系統	243/244
震動耳朵	108
擺動舌頭	182

準備工作：先將腰帶繫緊，但不會過緊而造成不適。將骨傳導耳機戴在顳骨上的正確位置，並選擇一個有良好效果的適當頻率。用應用程式調整聲音播放，以便將節奏用於接下來要做的搖頭運動。手拿震盪棒。

a+b：按照組合 4a 練習。不過，在這項練習中要戴上骨傳導耳機。每次做 3 到 4 分鐘，每天重複 3 到 5 次。

提醒：如果覺得不斷轉動頭部有些困難，可以隨時休息一下。漸漸地，你會練得更持久，表現也會更好。還可以將頭部轉動速度調整為所選頻率範圍的節奏，建議每分鐘大約 40 到 60，或 80 到 120 拍的速度。也可以使用連續的聲音練習。

變換平衡練習

你可以將組合 2、3 和 4 做些變化，從第 74 到 81 頁平衡訓練的七個基礎練習中，挑選一項有良好或中等效果的練習：搖頭運動、變化式 1：閉眼搖頭運動、變化式 2：搭配清楚視覺目標的搖頭運動、點頭運動、變化式 1：閉眼點頭運動、變化式 2：搭配清楚視覺目標的點頭運動、側轉低頭。

〉組合 5　練習時間：3 到 4 分鐘

輔助工具：腰帶、弗洛洛夫呼吸訓練器、兩張訓練字卡

練習	頁數
繫護腰帶	206
用弗洛洛夫呼吸訓練器延長吐氣	147
對焦練習	222-224

準備工作：先繫緊腰帶，但不會過緊而造成不適。按照製造商的說明，將弗洛洛夫呼吸訓練器加水。一隻手拿呼吸訓練器，另一隻手拿小張的近距離字卡。大張

的遠距離字卡放在你前方 2 到 5 公尺的牆壁上。

    a+b：雙腳與髖部同寬，脊椎放鬆打直。先從呼吸訓練器開始，呼吸 3 到 4 口氣。然後開始做對焦練習。每次練習 3 到 4 分鐘，每天重複 3 到 5 次。

提醒：盡量保持平靜和放鬆。請記住，每種新的組合練習都需要時間來掌握。你可以視自己的狀況，在練習中稍作休息。

建議：你也可以用水平跳視訓練（第 65 頁）取代對焦練習，這會進一步刺激額葉；對焦練習則會對副交感神經產生強烈作用。你還可以練習 20 到 30 秒的「辨別和分類氣味」來為此組合練習做準備。

改善健康、減輕壓力、強化能力表現的組合練習評量表			
組合練習	良好	中等／偏良好	有待評估
組合 1			
組合 2			
組合 3a			
組合 3b			
組合 4a			
組合 4b			
組合 5			

改善健康、減輕壓力、強化能力表現的訓練指南

　　我們建議你花 6 到 8 週的時間訓練自己的內在體感。使用有良好或中等效果的組合練習，每日訓練時間至少 20 分鐘。每週都讓訓練做些變化，使大腦不斷受到挑戰。你可以使用下列方法：每次選擇不同的組合練習，改變速度、呼吸阻力或選擇不同的氣味。發揮創意，增強大腦的適應能力！

第 2 類：紓緩慢性疼痛

如果你患有慢性疼痛，通常需要更長的時間才能改變神經模式。症狀的時間越長，往往需要投入更多的工作，使負責的神經網絡回到正軌。然而，唯有你願意花費時間、有耐心和毅力，才有可能改善疼痛症狀。你的努力終將有回報，讓島葉後端全面活化。另外，可以在疼痛部位加上局部刺激。無論疼痛的變化如何，你肯定會很快注意到其他方面的改善，例如你變得更加放鬆，消化系統變好或再生能力更好。這意味著你的系統開始重組和重新整頓。開心迎接這些變化吧，這表示你走在正確的路上！

用輕觸或震動刺激局部皮膚

輕觸或是震動皮膚可以輕鬆有效地改善疼痛，達到我們所想要的效果。一方面，它們刺激 C 型神經纖維的神經末梢，使神經將刺激訊息發送到島葉，恰好該處也負責評估疼痛強度。另一方面，利用這些刺激訊息可以再次從疼痛部位獲得更多的差異化訊息。尤其是視丘，一個與疼痛模式發展密切相關的特定大腦區域，它會因此從疼痛部位接收到新的「無痛」訊息，所以必須重新分類和評估整個情況。這些刺激訊息迫使視丘再次做判斷，有益於迅速改善疼痛模式。練習的重點是測試輕觸或震動的直接影響。由於持續性疼痛有時會引起高度敏感反應，因此請先對疼痛部位做測試，如果發現不適或引起其他疼痛，再測試疼痛部位周圍的皮膚。

我們還可以透過閉氣能力來檢查刺激練習的效果。請在輕觸或震動之前和之後做閉氣評估練習，以了解自己屏住呼吸的難易程度（第 151 頁）。如果你的閉氣能力提升，就代表這項練習有良好的效果，可以將它直接納入組合中。

〉輕觸刺激皮膚

輔助工具：薄布或手帕

1. 採站姿或坐姿，脊椎放鬆打直，呼吸保持平穩順暢。拿一塊薄布，用它觸摸疼痛部位的皮膚。輕輕緩慢地撫摸 10 到 20 秒。

2. 如果觸摸導致疼痛或更嚴重的不適，請在疼痛部位周圍撫摸皮膚 20 到 30 秒。維持呼吸平穩放鬆。然後透過評估測試各個效果。當你刺激疼痛部位周圍時，效果如何？撫摸疼痛部位時，有什麼效果？如果輕觸疼痛部位或周圍部位沒有負面影響，則可以將這項練習納入接下來的組合練習。

〉震動刺激皮膚

輔助工具：震盪棒

1. 照前面輕觸皮膚的方式做練習，但不是用布觸摸，而是利用震盪棒的震動來檢查疼痛區域的效果。

2. 測試疼痛部位周圍的皮膚。在不出力道的情況下，對皮膚表面施加震動。每次震動 20 到 30 秒，並用評估來測試練習效果。當你刺激疼痛部位周圍時，效果如何？在疼痛部位上震動有什麼效果？如果輕觸疼痛部位或周圍部位沒有負面影響，就可以將這項練習納入接下來的組合練習。

刺激皮膚練習評量表			
練習	良好	中等／偏良好	有待評估
輕觸刺激皮膚			
變化式 1：輕觸疼痛部位			
變化式 2：輕觸疼痛部位周圍			
震動刺激皮膚			
變化式 1：震動疼痛部位			
變化式 2：震動疼痛部位周圍			

　　請記下這四項練習中哪一項的效果最好，並將它與其他練習結合。在你繫護腰帶時，做舌頭練習或呼吸訓練，並一起做這裡成效最好的刺激皮膚練習。如果這些刺激皮膚練習中有多項都有很好的效果，你可以將它們都納入組合練習中，並輪流練習。如果沒有任何一項練習帶來改善或狀況變糟，請先暫停這些練習，過幾週後再重新測試你對皮膚刺激的反應。

　　接下來將要示範各種組合，以逐步解決你的慢性疼痛症狀。你可以先用 20 到 30 秒的「辨別和分類氣味」做準備（第 96-97 頁）。

〉組合 6　練習時間：3 到 5 分鐘

輔助工具：腰帶、熱敷袋、薄布或震盪棒

練習	頁數
繫護腰帶	206
變化式：延長冷熱感知練習時間	202
刺激皮膚練習	257-258

準備工作：用腰帶束緊熱敷袋，使腹部受壓，但不會造成不適。一隻手拿毛巾或震盪棒。

採站姿或坐姿，脊椎放鬆打直，呼吸保持平穩順暢。現在開始用最適合你的刺激方式（布或震盪棒）刺激皮膚，在疼痛部位或周圍區域輕輕觸摸或震動 3 到 5 分鐘。切記，要大面積地刺激皮膚，並且不時改變刺激方向。每天練習 3 到 5 次。

提醒：練習時使用不同的布或不同的表面結構，或略微改變撫摸速度，用來不斷地改變刺激。最重要的是，保持平靜，放鬆地呼吸，並且將注意力一直集中在皮膚的感覺上。

〉組合 7　練習時間：3 到 5 分鐘

輔助工具：腰帶、熱敷袋、薄布或震盪棒

練習	頁數
繫腰帶	206
刺激皮膚練習	257-258
搖頭運動	74

準備工作：先將腰帶繫緊，但不會過緊而造成不適。一隻手拿毛巾或震盪棒。

1. 採站姿或坐姿皆可，脊椎放鬆打直，呼吸保持平穩順暢。現在開始用最適合你的刺激方式（布或震盪棒）刺激皮膚，在疼痛部位或周圍區域輕輕觸摸或震動1到2分鐘。切記，要大面積地撫摸皮膚，並且不時改變撫摸方向。
2. a＋b 接著做平衡訓練2到3分鐘，用你感到舒適且可以控制的速度，開始左右來回轉動頭部。每天練習這個組合3到5次。

提醒：你可以偶爾暫停一下，撫摸皮膚，然後再回到頭部運動。你也可以在練習時使用不同的布料或表面結構，不斷給予皮膚新的刺激，或是每次都略微改變撫摸速度。最重要的是，保持平靜，放鬆地呼吸，並且將注意力一直集中在皮膚的感覺上。

建議：你也可以從平衡訓練（第74-81頁）的七個基礎練習中，選擇一項有良好或中等效果的練習，來代替搖頭運動。

慢性疼痛組合練習評量表			
組合練習	良好	中等／偏良好	有待評估
組合6			
組合7			

改善慢性疼痛訓練指南

如果你在組合6和7獲得了良好成效，請每天訓練至少20分鐘，並分成4到5個小單元。你也可以將最適合你的刺激皮膚練習（用布或震盪棒）融入日常生活中，每次練4到6分鐘。如果在調整強度後，上述的組合練習仍然沒有獲得良好效果，請先花2到3週專注於呼吸訓練（第122-141頁）、平衡訓練（第74-81頁）和定位聲音訊號（第208-213頁），然後再回來做本章的組合練習。

類別 3：調節情緒

對腹部施加壓力的組合練習、熱感知練習和呼吸練習，可以改善因內在體感機能不良而引起的情緒調節障礙。正如第 1 章和第 7 章中所述，島葉前端負責調節和影響認知、情感和社交。因此，你應該一方面由後往前改善島葉的刺激模式，另一方面透過訓練直接活化島葉的前端。

我們建議你在每項組合練習後，做 3 到 5 分鐘的身體掃描或專注於呼吸的正念冥想。接下來的幾頁中，我們將介紹這領域最重要的兩種組合練習。

〉組合 8　練習時間：8 到 15 分鐘

輔助工具：腰帶、熱敷袋、弗洛洛夫呼吸訓練器或放鬆器

練習	頁數
繫護腰帶	206
變化式：延長冷熱感知練習時間	202
一項搭配呼吸訓練器的延長吐氣練習：	
• 用放鬆器延長吐氣	146
• 用弗洛洛夫呼吸訓練器延長吐氣	147
最後做身體掃描或正念冥想	234 或 235

準備工作：用腰帶將熱敷袋繫在肚子上，注意腰帶不會過緊而造成不適。

採站姿或坐姿皆可，脊椎放鬆打直，呼吸保持平穩順暢。從放鬆器或弗洛洛夫呼吸訓練器開始，做你感到最舒適且有良好效果的延長吐氣練習，呼吸 5 到 10 分鐘。然後做身體掃描或正念冥想 3 到 5 分鐘。每天重複 2 到 3 次。

〉組合 9　練習時間：8 到 15 分鐘

輔助工具：腰帶、弗洛洛夫呼吸訓練器或放鬆器

練習	頁數
繫護腰帶	206
一項搭配呼吸訓練器的延長吐氣練習：	
•用放鬆器延長吐氣	146
•用弗洛洛夫呼吸訓練器延長吐氣	147
最後做身體掃描或正念冥想	234 或 235

準備工作：將腰帶繫緊，但不會過緊而造成你的不適。

採站姿或坐姿皆可，脊椎放鬆打直，呼吸保持平穩順暢。從放鬆器或弗洛洛夫呼吸訓練器開始，做你感到最舒適且有良好效果的延長吐氣練習，呼吸 5 到 10 分鐘。然後做身體掃描或正念冥想 3 到 5 分鐘。每天重複 2 到 3 次。

情緒調節組合練習評量表			
組合練習	良好	中等／偏良好	有待評估
組合 8			
組合 9			

情緒調節訓練指南

　　一如組合 8 和組合 9 的示範，在熱敷腹部並給予壓力的同時練習延長吐氣，可以改善情緒調節。請每天花費至少 20 到 30 分鐘做訓練。你也可以做迷走神經鬆動術或震動耳朵來活化迷走神經，20 到 30 秒的快速刺激就可以為組合練習做好準備。如果你覺得效果不錯，可以震動 2 分鐘來預先刺激迷走神經，然後再做有良好效果的組合 8 或組合 9，並做快速的身體掃描或正念冥想來結束訓練單元。

　　每天重複整個訓練單元 2 到 3 次，以達到 20 到 30 分鐘的總訓練時間。如果你有控制衝動的困擾，可以用活化額葉練習（第 64-70 頁）來充實訓練。

類別 4：改善消化問題

為了長期控制消化問題，你可以結合所有刺激迷走神經並具有副交感神經作用的練習。建議以熱敷腹部並給予壓力為基礎，結合第 4 章中的呼吸練習、第 5 章透過舌頭或喉嚨刺激迷走神經，或第 3 章刺激耳朵上的迷走神經分支，請從中選擇有良好效果的練習。

由於迷走神經向器官發送消炎訊號，所以我們特別建議你每天額外花 2 到 3 分鐘震動耳朵，直接刺激迷走神經。另外，請定期用刺激迷走神經的其他變化式替代這項練習。例如你可以將哼唱練習與不同的呼吸練習結合。基本上，調節消化系統問題（類似於慢性疼痛或抑鬱情緒）需要花些時間才能產生明顯的效果。因此，我們建議你每天練習 30 分鐘，訓練為期 4 到 6 週。

〉組合 10　練習時間：3 到 5 分鐘

輔助工具：腰帶、熱敷袋

練習	頁數
繫護腰帶	206
變化式：延長冷熱感知練習時間	202
3D 呼吸	131
舌頭繞圈	181

準備工作：用腰帶將熱敷袋繫在肚子上，注意腰帶不會過緊而造成你的不適。

採站姿或坐姿皆可,脊椎放鬆打直,呼吸保持平穩順暢。從 3D 呼吸開始,用鼻子緩慢地深深吸氣和吐氣。當你覺得自己掌握呼吸節奏後,在吐氣時開始做舌頭繞圈。每次練習 3 到 5 分鐘,每天重複 3 到 5 次。

提醒:在做舌頭繞圈時可以偶爾稍作休息,或者切換到另一個練習,例如舌頭擺動。如果你發現很難將舌頭繞圈與呼吸結合,請稍微休息,集中精力於舌頭繞圈,然後再回到 3D 呼吸。不要讓自己有壓力,並找到自己的節奏。你可以練習 20 到 30 秒的「辨別和分類氣味」(第 96/97 頁),來為組合練習做好充分的準備。

建議:除了舌頭繞圈之外,還可以做其他舌頭練習或第 5 章中有良好效果的活化咽部練習,例如舌頭擺動、伸縮舌頭、哼唱、採取正確的舌頭位置,或主動伸展舌頭。

〉組合 11　練習時間：3 到 5 分鐘

輔助工具：腰帶、熱敷袋、放鬆器、震盪棒

練習	頁數
繫護腰帶	206
變化式：延長冷熱感知練習時間	202
用放鬆器延長吐氣	146
震動耳朵	108

準備工作：用腰帶將熱敷袋繫在肚子上，注意腰帶不會過緊而造成不適。一手拿著震盪棒。

　　採站姿或坐姿皆可，脊椎放鬆打直，呼吸保持平穩順暢。將放鬆器放在雙脣間，開始做延長吐氣練習，呼吸 3 到 5 次。然後從震動右耳開始，如果你覺得震動過久而造成不適，可以休息一下再重新開始。每次練習 3 到 5 分鐘，每天重複 3 到 5 次。

建議：也可以用弗洛洛夫呼吸訓練器取代放鬆器，或是其他的呼吸技巧來做延長吐氣練習。

改善消化問題組合練習評量表			
組合練習	良好	中等／偏良好	有待評估
組合 10			
組合 11			

改善消化問題訓練指南

　　消化是一個複雜的內部過程，需要花點時間才能改善。請每天至少練習 20 到 30 分鐘，以長期改善消化問題。除了指定的組合，我們建議定期做迷走神經鬆動術和伸展橫膈膜，這些練習可以做為組合 10 和組合 11 的訓練準備。或者，結合一項有良好效果的平衡系統練習（第 74-81 頁）。每天花至少 20 分鐘用弗洛洛夫呼吸訓練器做延長吐氣練習，對解決消化問題也有很好的效果。

類別 5：改善骨盆問題

　　你已經從第 4 章中知道，呼吸與骨盆腔和舌頭訓練密切相關。因此，在這裡的組合練習重點不是改善島葉活動模式，而是將這兩方面包含在組合練習中，或是納入準備練習。單獨訓練骨盆腔肌肉不是我們的主要目標，尤其是當你有長期的骨盆方面困擾。骨盆腔訓練最重要的方面就是讓神經做好準備，因此我們的方法是刺激運動輔助區。下述組合是為了骨盆腔訓練準備神經元的最有效方法。

〉組合 12　練習時間：20 到 30 秒

輔助工具：震盪棒

練習	頁數
震動牙齒	110
雙手輪流張開握緊	111

建議：可以用轉動雙手腕關節，或是這項練習的兩個變化式（第 112-113 頁）取代雙手輪流張開握緊。

　　a＋b：採站姿或坐姿，脊椎放鬆打直，呼吸保持平穩順暢。開啟震盪棒，放在上下排的前門牙之間。現在開始做雙手輪流張開和握緊，持續 20 到 30 秒。

改善骨盆腔問題訓練指南

為了讓改善持久有效，尤其是當你長期有骨盆腔的問題，請每天訓練兩次，每次訓練 10 到 15 分鐘。重點應該放在充分準備上。因此，建議從一項有良好效果的舌頭練習（第 177-188 頁）開始，然後做 2 到 3 分鐘延長吐氣練習、3D 呼吸，或是第 131 到 140 頁有良好效果的變化式。最後一個重點是，請將一項你能輕鬆協調的手部動作納入組合 12。再從骨盆腔訓練中選擇 1 到 3 項練習（第 163-169 頁），做為訓練的結尾。

附錄

哪裡可以買到輔助道具？

視覺和感覺練習

　　本書中使用了各式各樣的工具和器材，其中有些可以從網站 Perform Better Europe 訂購。這個網站還提供神經運動入門套件，裡面包含書中使用的訓練字卡（對焦練習訓練字卡、掃視訓練字卡）和視覺棒。你也可以單獨購買震盪棒和其他工具。

　　www.perform-better.de/training/neuro-athletik-training

呼吸練習

　　放鬆器（Relaxator）、肺擴張器（Expand-a-lung ）和弗洛洛夫呼吸訓練器（Frolov）都可以在線上購物平台訂購，像是亞馬遜（www.amazon.com）。

平衡訓練和聽覺練習

　　第 8 章中所使用的骨傳導耳機不會像往常一樣戴在耳朵上，而是直接放在耳朵上方的顱骨上。頻率通過骨頭傳導到耳朵。耳機有兩個版本，通過藍牙或電線連接到手機。為了能夠設置頻率，你還需要一個頻率產生器（請參閱第 274 頁的

應用程式）。耳機有許多品牌和多款型號，你可以從網路上訂購。但價格波動很大，請注意品質和製造商的訊息，並查看用戶的評價。

我們推薦美國 Sound for Life 公司的骨傳導耳機，它們開發了 Forbrain® 和 Soundsory®。兩種系統都透過骨骼傳輸，不同之處在於 Forbrain® 系統的耳機靠在顳骨上，Soundsory® 耳機則完全覆蓋耳廓，因此還可以透過聲波傳播聲音。你可以在美國的 www.forbrain.com 和 soundsory.com 上直接訂購這兩種耳機。

應用程式

在第 7 章中，我們建議使用「Headspace」應用程式做正念訓練，你可以從手機上的應用程式商店下載。除了骨傳導耳機外，你還需要一個頻率產生器，為第 8 章的練習設置頻率。「Function Generator Pro」和「Tone Pacer」都是很不錯的應用程式。

在第 3 章中，我們推薦了一些用於訓練額葉的應用程式和遊戲，以改善衝動抑制，像是叫色測驗（Stroop test）、Dual N-back 和通過／不通過遊戲（Go/No-go games）。你可以在應用程式商店中找到更多相似的遊戲，有些是線上遊戲，或是可以下載到平板電腦使用。

想要了解更多？

為了讓本書淺顯易懂，我們並未深入探討許多主題。如果你想進一步了解相關的科學背景，我們在接下來幾頁中整理了一些相關的有趣研究、期刊和網站。此外，我們還想推薦一些有關內在體感或島葉等主題的德文和英文書籍。不過目前為止以英語文獻最多。

相關研究與網站

Blog von Neuroskeptic: *Does the Motor Cortex Inhibit Movement?* In: Discover - Science for the

Curious (3. November 2016), http://blogs.discovermagazine.com/neuroskeptic/2016/11/03/motor-cortex-inhibit/

Cechetto, D. F.: *Cortical control of the autonomic nervous system*. In: Experimental Physiology, 99 (2), S. 326-331. (18. Oktober 2013), https://doi.org/10.1113/expphysiol.2013.075192

Ceunen, Erik; Johan W. S. Vlaeyen; Ilse Van Diest: *On the Origin of Interoception*. In: Frontiers in Psychology 7 (23. Mai 2016), https://doi.org/10.3389/fpsyg.2016.00743

Deen, B.; Pitskel, N. B.; Pelphrey, K. A. (2010): *Three systems of insular functional connectivity identified with cluster analysis*. In: Cerebral cortex, 21 (7), S. 1498-1506, https://doi.org/10.1093/cercor/bhq186

Gilbert, J. W.; Vogt, M.; Windsor, R. E.; Mick, G. E.; Richardson, G. B.; Storey, B. B.; Herder, S. L.; Ledford, S.; Abrams, D. A.; Theobald, M. K. (2014): *Vestibular dysfunction in patients with chronic pain or underlying neurologic disorders*. In: The Journal of the American Osteopathic Association, 114 (3), S. 172–178, https://doi.org/10.7556/jaoa.2014.034

Gogolla, N. (2017): *The insular cortex*. In: Current Biology, 27 (12), S. R580-R586, https://doi.org/10.1016/j.cub.2017.05.010

Gotink, R. A.; Meijboom, R.; Vernooij, M. W.; Smits, M.; Hunink, M. M. (2016): *8-Week Mindfulness Based Stress Reduction Induces Brain Changes Similar to Traditional Long-Term Meditation Practice – A Systematic Review*. In: Brain and Cognition, 108, S. 32-41

Haase, Lori; Jennifer L. Stewart; Brittany Youssef; April C. May; Sara Isakovic; Alan N. Simmons; Douglas C. Johnson; Eric G. Potterat; Martin P. Paulus: *When the Brain Does Not Adequately Feel the Body: Links Between Low Resilience and Interoception*. In: Biological Psychology 113 (Januar 2016), S. 37-45, https://doi.org/10.1016/j.biopsycho.2015.11.004

Jene, K. (2012): *MBSR für Patienten mit chronischen Schmerzen*. In: Angewandte Schmerztherapie und Palliativmedizin, 5 (3), S. 46 f.

Kim, S.; Lee, D. (2011). *Prefrontal Cortex and Impulsive Decision Making*. In: Biological Psychiatry, 69 (12), S. 1140-1146 (21. August 2010), https://doi.org/10.1016/j.biopsych.2010.07.005

Levinson, A. J.; Fitzgerald, P. B.; Favalli, G.; Blumberger, D. M.; Daigle, M.; Daskalakis, Z. J. (2010): *Evidence of Cortical Inhibitory Deficits in Major Depressive Disorder*. In: Biological Psychiatry, 67 (5), S. 458-464, https://doi.org/10.1016/j.biopsych.2009.09.025

Paulus, Martin P.; Murray B. Stein: *Interoception in Anxiety and Depression*. In: Brain Structure and Function 214 (5-6), (Juni 2010), S. 451-463, https://doi.org/10.1007/s00429-010-0258-9

Pavuluri, Mani; May, Amber and 1 Pediatric Mood Disorders Program and Pediatric Brain Research and Intervention Center, Department of Psychiatry, College of Medicine, University of Illinois at Chicago, Chicago, IL 60608, USA (2015): *I Feel, Therefore, I Am: The Insula and Its Role in Human Emotion, Cognition and the Sensory-Motor System*. In: AIMS Neuroscience 2 (1), S. 18-27, https://doi.org/10.3934/Neuroscience.2015.1.18

Radley, J. J. (2012): *Toward a Limbic Cortical Inhibitory Network: Implications for Hypothalamic-Pituitary-Adrenal Responses Following Chronic Stress*. In: Frontiers in Behavioral Neuroscience, 6, 7, https://doi.org/10.3389/fnbeh.2012.00007

Russo, Scott J.; Murrough, James W.; Han, Ming-Hu; Charney, Dennis S.; Nestler, Eric J.: *Neurobiology of Resilience*. In: Nature Neuroscience 15 (11), S. 1475-1484 (November 2012), https://doi.org/10.1038/nn.3234

Seth, Anil K.: *Interoceptive Inference, Emotion, and the Embodied Self*. In: Trends in Cognitive Sciences 17 (11), S. 565–573 (November 2013), https://doi.org/10.1016/j.tics.2013.09.007

Shelley, B. P.; Trimble, M. R. (2004): *The Insular Lobe of Reil - Its Anatamico-Functional, Behavioural and Neuropsychiatric Attributes in Humans - A Review*. In: The World Journal of Biological Psychiatry, 5 (4), S. 176-200, https://doi.org/10.1080/15622970410029933

Silva, D. R. D.; Osorio, R. A. L.; Fernandes, A. B. (2018): *Influence of Neural Mobilization in the Sympathetic Slump Position on the Behavior of the Autonomic Nervous System*. In: Research on Biomedical Engineering, 34 (4), S. 329-336, http://dx.doi.org/10.1590/2446-4740.180037

Starr, C. J.; Sawaki, L.; Wittenberg, G. F.; Burdette, J. H.; Oshiro, Y.; Quevedo, A. S.; Coghill, R. C. (2009): *Roles of the Insular Cortex in the Modulation of Pain: Insights From Brain Lesions*. In: Journal of Neuroscience, 29 (9), S. 2684-2694, https://doi.org/10.1523/JNEUROSCI.5173-08.2009

Uddin, Lucina Q.; Nomi, Jason S.; Hebert-Seropian, Benjamin; Ghaziri, Jimmy; Boucher, Olivier: *Structure and Function of the Human Insula*. In: Journal of Clinical Neurophysiology: Official Publication of the American Electroencephalographic Society 34 (4), S. 300-306 (Juli 2017), https://doi.org/10.1097/WNP.0000000000000377

Zaccaro, Andrea; Piarulli Andrea; Laurino, Marco; Garbella, Erika; Menicucci, Danilo; Neri, Bruno; Gemignani, Angelo: *How Breath-Control Can Change Your Life: A Systematic Review on Psycho-Physiological Correlates of Slow Breathing*. In: Frontiers in Human Neuroscience 12, S. 353 (17. September 2018), https://doi.org/10.3389/fnhum.2018.00353

Google 學術搜尋 https://scholar.google.com

建議搜尋關鍵字：insular cortex, interoceptive awareness, resilience

推薦參考書籍

德文

Berndt, Christina (2015): Resilienz. Das Geheimnis der psychischen Widerstandskraft. Was uns stark macht gegen Stress, Depressionen und Burn-out. 7. Auflage, dtv, München

Doidge, Norman (2017): Neustart im Kopf. Wie sich unser Gehirn selbst repariert. 3. Auflage, Campus Verlag, Frankfurt am Main

Jacobson, Edmund (2017): Entspannung als Therapie: Progressive Relaxation in Theorie und Praxis (Leben lernen). 8. Auflage, Klett-Cotta, Stuttgart

Jost, Wolfgang H. (2009): Neurokoloproktologie - Neurologie des Beckenbodens. 2. Auflage, Uni-Med, Bremen

Kabat-Zinn, Jon (2013): Gesund durch Meditation. Das große Buch der Selbstheilung mit MBSR. Knaur Taschenbuch Verlag, München

Kabat-Zinn, Jon (2015): Im Alltag Ruhe finden. 6. Auflage, Knaur Taschenbuch Verlag, München

Kipp, Markus; Radlanski, Kalinka (2017): Neuroanatomie: nachschlagen, lernen, verstehen. KVM - Der Medizinverlag, Berlin

Lienhard, Lars (2019): Training beginnt im Gehirn. Mit Neuroathletik die sportliche Leistung verbessern. riva Verlag, München

Rosenberg, Stanley (2018): Der Selbstheilungsnerv. So bringt der Vagus-Nerv Psyche und Körper ins Gleichgewicht. VAK Verlag, Kirchzarten

Schmid-Fetzer, Ulla (2018): Neuroathletiktraining. Grundlagen und Praxis des neurozentrierten Trainings. Pflaum Verlag, München

Schnack, Prof. Dr. med. Gerd (2016): Der große Ruhe-Nerv. Soforthilfen gegen Stress und Burn-out. Verlag Herder, Freiburg

Trepel, Martin (2015): Neuroanatomie: Struktur und Funktion. 6. Auflage, Urban & Fischer Verlag, München und Jena

英文

Beck, Randy. W. (2007): Functional Neurology for Practitioners of Manual Medicine. Churchill Livingstone, London

Benedetto, Fabrizio (2011): The Patient's Brain. The Neuroscience Behind the Doctor-Patient Relationship. Oxford University Press, Oxford

Calais-Germain, Blandine (2006): Anatomy of Breathing. Eastland Press, Seattle

Calais-Germain, Blandine (1996): Anatomy of Movement Exercise. Eastland Press, Seattle

Carr, Janet H.; Shepherd, Roberta A. (2010): Neurological Rehabilitation: Optimizing Motor Performance. Churchill Livingstone, London

Craig, A. D. (2015): How do you feel? An interoceptive Moment with Your Neurobiological Self. Princeton University Press, New Jersey

Gutman, Sharon A. (2017): Quick Reference Neuroscience for Rehabilitation Professionals: The Essential Neurologic Principles Underlying Rehabilitation Practice. 3. Auflage, Slack Incorporated, Thorofare

Hatch, Dr. John. D. (2017): Basis of Brain Rehab. CreateSpace Independent Publishing Platform

Herdman, Susan J.; Clendaniel, Richard A. (2014): Vestibular Rehabilitation. 4. Auflage, F. A. Davis Company, Philadelphia

Kandel, Eric R. (2013): Principles of Neural Science. 5. Auflage, McGraw-Hill Education, New York

Lundy-Ekman, Laurie (2018): Neuroscience. Fundamentals for Rehabilitation. 5. Auflage, Elsevier, Oxford

Mahler, Kelly (2017): Interoception. The Eighth Sensory System. Practical Solutions for Improving Self-Regulation, Self-Awareness and Social Understanding. AAPC Publishing, Lenexa

Melzack, Ronald; Katz, Joel (2006): Pain in the 21st Century: The Neuromatrix and Beyond. In: Young, Gerald; Kane, Andrew W.; Nicholson, Keith: Psychological Knowledge in Court, PTSD, Pain, and TBI. Springer Science, New York, S. 129-148

Moseley, Lorimer. G.; Butler, David. S. (2017): Explain Pain Supercharged. NOI Group Publications, Adelaide

Myers, Thomas W. (2014): Anatomy Trains. Myofascial Meridians for Manual and Movement Therapists. 3. Auflage, Churchill Livingstone, London

Porges, Stephen W. (2017): The Pocket Guide to the Polyvagal Theory, the Transformative Power of Feeling Save. W. W. Norton & Company, New York

Tsakiris, Mamis; de Preester, Helena (2019): The Interoceptive Mind. From homeostasis to awareness. Oxford University Press, Oxford

Wilson-Pauwels, Linda. (2010): Cranial Nerves: Function and Dysfunction. 3. Auflage, PMPH-USA, Cary

學術論文

Clark, Andy. (2013). Whatever next? Predictive brains, situated agents, and the future of cognitive science. In: Behavioral and Brain Sciences, 36 (3), S. 181-204

Downing, Keith. L. (2009). Predictive Models in the Brain. In: Connection Science, 21 (1), S. 39-74

Gaerlan, Mary Grace (2010). The Role of Visual, Vestibular, and Somatosensory Systems in Postural Balance. (Doktorarbeit), University of Nevada, Las Vegas

Kleim, Jeffrey. A. und Jones, Theresa A. (2008). Principles of Experience-Dependent Neural Plasticity: Implications for Rehabilitation After Brain Damage. In: Journal of Speech, Language, and Hearing Research, 51 (1), S. 225-239

Wildenberg, Joe C.; Tyler, Mitchell E.; Danilov, Yuri P.; Kaczmarek, Kurt A.; Meyerand, Mary E. (2013): Altered Connectivity of the Balance Processing Network After Tongue Stimulation in Balance-Impaired Individuals. In: Brain Connectivity, 3 (1), S. 87-97

圖片來源

封面圖：Shutterstock/Sebastian Kaulitzki

動作示範：Lisa Pfasch, Marina Schulik von Elace Sportmodels, www.elace-sportmodels.com

攝影：Nils Schwarz, www.nilsschwarz.com

Martha Kosthorst: 161-165, riva Verlag: 73, Shutterstock/aficons: 24, Shutterstock/decade3d - anatomy online: 24, Shutterstock/Designua: 121, Shutterstock/dmitroscope: 24, Shutterstock/fizkes: 256, Shutterstock/stihii: 24 Shutterstock/VectorMine: 31, Wikicommons/Schappelle: 34

國家圖書館出版品預行編目資料

神經元修復保健全書：用簡單動作活化迷走神經,緩解負面情緒、疼痛、消化不良、行動困難、壓力症候群,促進細胞更新/拉斯‧林哈德(Lars Lienhard),鄔拉‧史密特-費策(Ulla Schmid-Fetzer),艾瑞.柯布(Eric Cobb)著；呂以榮、游絨絨譯. -- 初版. -- 臺北市：商周出版：英屬蓋曼群島商家庭傳媒股份有限公司城邦分公司發行, 2021.06
　　面；　公分. -- (Live & learn ; 87)

譯自：Neuronale Heilung : Mit einfachen Übungen den Vagusnerv aktivieren - gegen Stress, Depressionen, Ängste, Schmerzen und Verdauungsprobleme

ISBN 978-986-0734-83-6（(平裝)
1.神經元生理學 2.運動健康

398.21　　　　　　　　　　　　　　　　　　　110008699

神經元修復保健全書——用簡單動作活化迷走神經，緩解負面情緒、疼痛、消化不良、行動困難、壓力症候群，促進細胞更新

Neuronale Heilung: Mit einfachen Übungen den Vagusnerv aktivieren - gegen Stress, Depressionen, Ängste, Schmerzen und Verdauungsprobleme

作　　　者／拉斯‧林哈德（Lars Lienhard）、鄔拉‧史密特—費策（Ulla Schmid-Fetzer）、艾瑞.柯布博士（Dr. Eric Cobb）
譯　　　者／呂以榮、游絨絨
責 任 編 輯／余筱嵐

版　　　權／劉鎔慈、吳亭儀
行 銷 業 務／林秀津、周佑潔、劉治良
總 編 輯／程鳳儀
總 經 理／彭之琬
發 行 人／何飛鵬
法 律 顧 問／元禾法律事務所　王子文律師
出　　　版／商周出版
　　　　　　台北市 104 民生東路二段 141 號 9 樓
　　　　　　電話：(02) 25007008　傳真：(02)25007759
　　　　　　E-mail：bwp.service@cite.com.tw
　　　　　　Blog：http://bwp25007008.pixnet.net/blog
發　　　行／英屬蓋曼群島商家庭傳媒股份有限公司 城邦分公司
　　　　　　台北市中山區民生東路二段 141 號 2 樓
　　　　　　書虫客服服務專線：02-25007718；25007719
　　　　　　服務時間：週一至週五上午 09:30-12:00；下午 13:30-17:00
　　　　　　24 小時傳真專線：02-25001990；25001991
　　　　　　劃撥帳號：19863813；戶名：書虫股份有限公司
　　　　　　讀者服務信箱：service@readingclub.com.tw
　　　　　　城邦讀書花園：www.cite.com.tw
香港發行所／城邦（香港）出版集團有限公司
　　　　　　香港灣仔駱克道 193 號東超商業中心 1 樓；E-mail：hkcite@biznetvigator.com
　　　　　　電話：(852) 25086231　傳真：(852) 25789337
馬新發行所／城邦（馬新）出版集團 Cite (M) Sdn. Bhd.
　　　　　　41, Jalan Radin Anum, Bandar Baru Sri Petaling, 57000 Kuala Lumpur, Malaysia.
　　　　　　Tel: (603) 90578822 Fax: (603) 90576622 Email: cite@cite.com.my

封 面 設 計／李東記
繪　　　圖／張瀅渝
排　　　版／極翔企業有限公司
印　　　刷／韋懋實業有限公司
總 經 銷／聯合發行股份有限公司
　　　　　　電話：(02)2917-8022　傳真：(02)2911-0053
　　　　　　地址：新北市 231 新店區寶橋路 235 巷 6 弄 6 號 2 樓

■ 2021 年 6 月 29 日初版　　　　　　　　　　　　　Printed in Taiwan
■ 2023 年 12 月 14 日初版 2.5 刷
定價 520 元

城邦讀書花園
www.cite.com.tw

廣　告　回　函
北區郵政管理登記證
北臺字第000791號
郵資已付，免貼郵票

104　台北市民生東路二段141號2樓

英屬蓋曼群島商家庭傳媒股份有限公司城邦分公司　收

- -

請沿虛線對摺，謝謝！

書號：BH6087　　　書名：神經元修復保健全書　　　編碼：

 商周出版

讀者回函卡

感謝您購買我們出版的書籍！請費心填寫此回函卡，我們將不定期寄上城邦集團最新的出版訊息。

不定期好禮相贈！
立即加入：商周出版
Facebook 粉絲團

姓名：＿＿＿＿＿＿＿＿＿＿＿＿＿＿＿＿＿＿＿＿＿＿ 性別：□男 □女

生日：西元＿＿＿＿＿＿＿年＿＿＿＿＿月＿＿＿＿＿日

地址：＿＿＿＿＿＿＿＿＿＿＿＿＿＿＿＿＿＿＿＿＿＿＿＿＿

聯絡電話：＿＿＿＿＿＿＿＿＿＿＿ 傳真：＿＿＿＿＿＿＿＿＿

E-mail：

學歷：□ 1. 小學 □ 2. 國中 □ 3. 高中 □ 4. 大學 □ 5. 研究所以上

職業：□ 1. 學生 □ 2. 軍公教 □ 3. 服務 □ 4. 金融 □ 5. 製造 □ 6. 資訊

□ 7. 傳播 □ 8. 自由業 □ 9. 農漁牧 □ 10. 家管 □ 11. 退休

□ 12. 其他＿＿＿＿＿＿＿＿＿＿＿＿＿＿＿＿＿＿＿

您從何種方式得知本書消息？

□ 1. 書店 □ 2. 網路 □ 3. 報紙 □ 4. 雜誌 □ 5. 廣播 □ 6. 電視

□ 7. 親友推薦 □ 8. 其他＿＿＿＿＿＿＿＿＿＿＿＿

您通常以何種方式購書？

□ 1. 書店 □ 2. 網路 □ 3. 傳真訂購 □ 4. 郵局劃撥 □ 5. 其他＿＿＿＿

您喜歡閱讀那些類別的書籍？

□ 1. 財經商業 □ 2. 自然科學 □ 3. 歷史 □ 4. 法律 □ 5. 文學

□ 6. 休閒旅遊 □ 7. 小說 □ 8. 人物傳記 □ 9. 生活、勵志 □ 10. 其他

對我們的建議：＿＿＿＿＿＿＿＿＿＿＿＿＿＿＿＿＿＿＿＿＿＿

＿＿＿＿＿＿＿＿＿＿＿＿＿＿＿＿＿＿＿＿＿＿＿＿＿＿＿

＿＿＿＿＿＿＿＿＿＿＿＿＿＿＿＿＿＿＿＿＿＿＿＿＿＿＿